Célia
Wine Travel

生活裡的葡萄酒課

跟著遊牧尋酒師，開啓無框架品飲餐搭之樂

Célia 沈芸可 著

CONTENTS

推薦序

　　認識 *Célia* 的時間早在 2015 年，當時的她人已在法國。猶記拜讀多篇法國旅遊、生活與在葡萄酒商實習的文章後，因一篇描述亞珥（*Arles*）生活的文章而有了交流機會，也就這麼認識了爲追求理想，遠赴法國留學工作，並居住在梵谷畫下許多名作的南法小城的她。

　　從相識到熟稔，多年過去，她仍是當年那個充滿熱情與探求各種可能的她。熱情與探求，也是人之所以能讓生命豐富的動力，無論發揮的面向爲何。

　　大學時期的她，因爲對法文的熱情，而開啓了就讀歐洲文化與觀光研究所的大門。研究生的她，把握了交換學生的機會，前往法國並完成了當地的學位並定居。旅行者的她，和一般旅人一樣，對世界懷抱好奇，不惜千里、時間與金錢，也要自己體驗那些曾在書中讀到、影片中看到的風土人情。書寫者的她，將自己的思緒見聞化成文字，將想法或感受傳達給讀到的人。影片拍攝者的她，爲了自己熱愛的事物，事先研究走訪、撰寫腳本，再將長時間拍攝剪輯成短短十餘分鐘的影片，帶著觀眾身歷其境。

　　很高興，熱愛旅行、生活與寫作的她，在多年之後能將自己這些經驗與歷練做了難得的整合，有了自己的事業，走進了創業的世界。

　　希望這本累積她在法國旅居及從事葡萄酒工作多年經驗的書，能帶給讀者們一份特別的閱讀經驗。也藉著爲她出版第一本作品寫序的機會，祝福她，永遠懷抱熱情與探求的心，無論扮演什麼角色，都能將眞誠與感動帶給周圍的人。

小說家、《背包客棧》創辦人 **何献瑞**

推薦序

　　起初認識 *Célia*，是透過 *YouTube* 頻道。對我而言，創作茶的風味時，最重要的是理解產地、感受當地的風味。看著她踏足不同產區，品飲各式酒款與美食，讓我深感羨慕。我認為能親自走訪產地，勢必更深入理解當地的風土文化與民情。

　　品味的世界裡，飲品與料理一樣重要，他們承載了不同地區的人文、風土，地方人們因此養成了不同飲食文化。如果你已經理解了風味結構，後續再品飲地方美酒或美食時，就如同到當地旅行。

　　後來真正與 *Célia* 相識後，我從茶與清酒的角度切入，我們盡情暢談美食、品酒、以及各地的風土，讓我們成為了無所不談的好友。

　　這次 *Célia* 出書，先撇除朋友的角色，單就閱讀書籍本身，能使人們更輕鬆的認識葡萄酒。書中風味描述簡潔清晰，使人更易理解葡萄酒的語言，帶領大家進入廣闊的葡萄酒世界。*Célia* 不僅分享了豐富的葡萄酒知識，還記載了她與當地酒農溝通交流的經歷。相信每位讀者都能從這些文字中咀嚼出花香與果香，感受葡萄酒的醇韻滋味。

　　跟著 *Célia* 來場葡萄酒之旅吧！

茶職人　藍大誠

推薦序

C'est un grand plaisir pour moi, vigneron à Vacqueyras et psychanalyste, de présenter l'auteur de ce livre que vous avez entre les mains. J'aime particulièrement Célia car elle a des qualités différentes et complémentaires, rarement trouvé dans la même personne : elle peut être très studieuse, mais à d'autres moments elle est aussi une véritable artiste.

D'une part Célia est une travailleuse, une bosseuse. Elle travaille de longues heures pour trouver tous les renseignements possibles sur cette région. Elle étudiera les guides spécialisés. Elle connaîtra les cépages, les usages. Bref, elle connaît les détails de l'AOP. Quand Célia est venue déguster mes vins chez moi pour la première fois, j'ai tout de suite compris à la qualité de ses questions, que non seulement elle savait déguster (avait un nez) mais aussi qu'elle avait des connaissances approfondies sur notre région.

En plus d'être une travailleuse acharnée, elle dégage d'autres qualités humaines qui sont bien plus rares. Comme avec la musique, on n'apprécie pas uniquement chacune des notes séparément, mais leurs successions, leurs intensités, leurs nuances, leurs rythmes, etc. La beauté d'un morceau de musique vient de cette conjugaison, de cet ensemble. C'est la même chose pour un vin, sa beauté, son charme n'est pas lié à chacun des arômes pris séparément mais de leur harmonieuse conjugaison.

Célia est une des rares personnes que je connaisse qui passe d'un monde à l'autre : d'une part elle étudie sérieusement les caractéristiques d'un vin, puis la magie s'opère, et elle parle de ce vin du fond de son cœur, du fond de son âme. Des fleurs sortent de sa bouche. Bonne lecture !

Clos de Caveau Henri Bungener

身為一名南隆河 *Vacqueryas* 產區的酒莊莊主與心理學家，我很高興能向您推薦，您手中這本書的作者。

我特別喜歡 *Célia*，因為她有不同且互補的特質，這在同一個人身上很少見：她非常好學，且同時也是一位真正的藝術家。

毫無疑問地，*Célia* 是一個勤奮工作的人，她工作時間很長，投入相當多時間研究各產區的知識，她大量閱讀，了解當地葡萄品種與特色與法國產區 *AOP* 的細節。當 *Célia* 第一次拜訪我的酒莊品酒時，我立刻就能從她問問題的質量中理解到，她不僅有敏銳的感官，也對我們的產區有深入研讀與了解。

除了工作努力外，她還散發著其他罕見的人類特質。 就像音樂一樣，我們不僅單獨欣賞每個音符，還欣賞它們的連續性、強度、細微差別、節奏等。 一首音樂的美就來自於這種結合，來自於一個整體。 葡萄酒也是如此，它的美麗和魅力並不在於每種單獨的香氣，而是在於它們的和諧組合。

Célia 是我認識的少數，可以從一個世界走到另一個世界的人：她認真研究每一款酒的特質，然後神奇的事情發生了，她能夠從心底、從內心來談論這款酒。

自靈魂深處，花兒從她的嘴裡傾吐了出來。

克呂園酒莊 Clos de Caveau 莊主 Henri Bungener

推薦序

Quand Célia est arrivée pour la première fois à Bablut, elle était étudiante à l'Université d'Angers.

Elle cherchait un stage commercial. Elle était accompagnée de son professeur, un de nos amis, qui nous l'avait fortement recommandée. Nous ne pensions pas forcement prendre de stagiaire car nous en ressentions pas le besoin et nous les recevions par courtoisie vis-à-vis de notre ami ! Célia était intéressée par le monde du vin mais n'avait pas encore de connaissances sur ce sujet. La présentation qu'elle nous a faite lors de cet entretien nous a impressionnés et notre envie de la recevoir en stage a été immédiate et unanime. Si dans la vie, il y a des rencontres heureuses, celle-ci est pour nous l'une d'elles et elle tient sans doute une place importante ! Le dynamisme que nous avions senti en Célia n'a jamais cessé de nous surprendre et de nous réjouir.

Son intérêt pour le vin et l'énergie qu'elle y a mis depuis ces quelques années au travers de ses formations et de ses expériences ont fait d'elle une personne d'une grande compétence. Très compétente, c'est certain mais aussi très pertinente dans ses jugements et tout cela avec bonne humeur et grâce ! C'est l'amour du produit qui confère à Célia toute son expertise. Elle est devenue par son travail une experte dans le milieu du vin !

Il y a bien entendu aussi son sourire et sa gentillesse qui lui permettent d'être en communion avec les autres. Au domaine, elle a su devenir l'amie de toutes et tous aussi bien avec les personnes qui travaillent au vignoble, dans la cave ou à la vente. Elle s'est fait apprécier de tous. Plus particulièrement, en ce qui nous concerne, nous l'avons pour ainsi dire incluse dans notre cercle familial.

C'est avec beaucoup de fierté que nous la considérons comme faisant partie de notre famille !

Domaine de Bablut Pascale & Christophe Daviau

當 *Célia* 第一次來到我們的酒莊時，她是法國昂傑大學（*Université d'Angers*）的學生。

她當時正在尋找實習機會，由她的老師（我們的朋友）陪同，向我們極力推薦了她。我們原先沒有打算要僱用實習生，因為覺得沒有必要，我們接受會面僅是出於對朋友的禮貌！因為當時 *Célia* 雖然對葡萄酒很感興趣，但卻幾乎一無所知。*Célia* 在這次會面的談吐中，給我們留下了深刻印象，我們一致希望她立即來酒莊實習。

如果說，生命有幸福的邂逅，這對我們而言就是其中之一，且無疑地佔有重要的地位。我們在 *Célia* 身上所感受到的活力，總是讓我們感到驚喜和快樂。

她對葡萄酒的興趣，以及過去幾年透過培訓和投入的時間和精力，讓她成為一個非常有能力的人。非常有能力，這是肯定的，而所有的一切都伴隨了她的幽默和優雅。正是對葡萄酒的熱愛，賦予了 *Célia* 所有專業知識。透過辛勤工作，她已經成為葡萄酒行業的專家。

當然，還有她的微笑和善良，讓她能夠與人們交流。在酒莊裡，她知道如何成為每一個人的朋友，包括在葡萄園、酒窖工作或銷售小姐的朋友。她得到了所有人的讚賞。更具體地說，對我們而言，我們已經將她視為了我們的家人。

而我們也非常自豪地相信，她是我們家的一份子！

巴布律酒莊 Domaine de Bablut 莊主夫婦 Pascale & Christophe Daviau

作者序

　　我在法國葡萄酒與烈酒產業工作近十年。這些年，跟許多人聊葡萄酒在我心裡的樣子，從一開始斬釘截鐵，到現在我覺得葡萄酒其實沒那麼絕對，與其說是教育，更多是分享，因為真正的愛，是不能夠勉強的。回歸初衷，讓吃食喝酒忠於你的心，我們每日都有三次好好生活的練習，若說人生苦短，享受當下，那麼「吃」就是件最能讓人感受循常快樂的事。

　　這本書醞釀了好多年，終於在 2023 年冬天，於南法鄉村小屋中閉關完成，雖然是一本葡萄酒書，但我希望用不同切角來分享這段故事。書裡記錄了這些年在酒莊工作的經歷，在法國生活學習品酒、普羅旺斯實作釀酒、烹煮台菜搭酒的點點滴滴；讓我從一名懵懂的旅法留學生，到現在全心投入熱愛的葡萄酒事業。

　　最初會愛上葡萄酒，是因為發現：同一款酒，來自不同背景的人，會有不同的體驗感受。意思是，即便餐桌上的所有人喝著同款酒，但能感受與詮釋它的方式卻有非常多種，來自葡萄酒專業背景的、文學背景的、藝術背景的、理工背景的，每個人喝酒能感受到的不一樣，深受生活經歷影響，一支酒會變化出多種「體驗結局」。

　　當我發現這是葡萄酒的超能力、能成為人與人之間連結的載體時，我就自然地像受到牽引般，迷上這個在平行宇宙中呈現不同面貌的「飲料」。

　　我在大學讀的是資訊學科、研究所讀文化學科，故初始理解葡萄酒的方式，一直是天人交戰，究竟該邏輯學習品飲，還是該回歸五感開發，後來我在兩者間找到平衡，用理性的方式 *input*、感性的方式 *output*。所以，在這本書裡，你會發現蘊含情感與哲學的故事篇章，也有葡萄酒知識與實用整理。但不管是理性或

感性，都是發自內心與生活體驗的學習與觀察。

　　這些年我嘗試用不同媒介傳遞熱情，包括文字、影音、遠端、實體活動，而葡萄酒恰好能如積木般，被堆疊成相應的模樣。我把這些「機關」好玩地藏在這本書裡，你會找到能讓文字動起來的影音連結、能聽到我講述葡萄酒的練習課程，也可以找到隱藏臉書社團的斜角巷，一同品嚐書中的風味故事。

　　的確，葡萄酒作爲舶來品，可能無法像在產地喝得那樣豪邁瀟灑，但或許我們不必這麼用力，也能讓來自遠方的文化用更輕鬆、舒心的姿態，慢植成爲我們生活中的一部分。

　　週末與家人朋友相聚時，只要偶爾可以想起：「今晚開瓶葡萄酒吧？」就是能讓忙碌生活適時留白的純粹快樂了。

本書作者 *Célia* 沈芸可

Célia
Wine
Travel

Chapter 1

葡萄酒是什麼？用感官解鎖它

想了解「葡萄酒」這個從法國遠渡重洋而來的飲品，只透過學習書本和課堂上的平面知識太可惜，必須善用多重感官才能解鎖它的每個面向。讓我們從原料產地開始，輕鬆且深入地認識葡萄酒的本質及其意義，藉著酒色、酒香、品飲體驗、葡萄品種又能了解哪些有趣的事。

葡萄酒的本質意義

每次辦品酒會分享時，我常常從這個提問開始：「葡萄酒是什麼？」我喜歡本質性的問題。顧名思義，葡萄酒是用葡萄釀成的酒，更正確地說，是使用葡萄這種水果發酵成的飲品，追本溯源，葡萄酒是農產品，與種植環境、方法有密切連結，這也就是法國人常說的「風土（terroir）」這意謂著，葡萄酒跟土地是密不可分的。

當葡萄酒千里迢迢從法國遠渡重洋來到台灣，這些原本很親近土地的事，突然變得很有距離。記得有次聽朋友在爭論葡萄酒，認為將之視為農產品是種對酒神的褻瀆，但我並不認為法國葡萄酒跟台灣米飯有高低之分，若論重要性，米飯甚至勝過葡萄酒。作為餐桌飲食的一部分，葡萄酒並非必須，人之所以喝它，完全是自主性地渴求，這是一種文化，也就是說：**「想學會品嚐風味，必須有意識地主動練習。」**

不管是品嚐葡萄酒的方式、使用的器具、感受它的審美觀，都是需要經驗去建構的學習歷程，不是出生在有葡萄酒文化的家庭裡，就天生具備品酒能力。我身邊有很多法國朋友，幾乎是不喝葡萄酒的，他們對葡萄酒相關的事一概不感興趣，只知道葡萄酒分成紅、白、粉紅三種顏色，就像我們不見得了解台灣茶的所有細節，因此任何想要精進了解的知識，即便是吃喝，其實都需要「有意識地」主動探索與學習。

多年前，在法國實習第一天的早上六點半，我穿著一襲套裝與黑色高跟鞋到巴布律酒莊（Domaine de Bablut）酒莊報到，酒莊莊主克里斯多（Christophe Daviau）看我如此打扮也沒說什麼，要我拿外套一起到葡萄園裡走走。穿著西裝、短裙加上高跟鞋去葡萄園，當然不是合宜的服裝選擇，踏進滿是泥濘的葡萄園裡，鞋跟立刻陷進泥土中，這一幕至今讓我印象深刻，還有什麼比穿著套裝走進田裡更愚蠢逗趣的反差呢？想當然爾，那天回家後高跟鞋就壞了，卻在我心裡深深埋下一粒種子：「**想了解葡萄酒，那麼必定要回歸土地，從它的原料認識起。**」

莊主摘下不同葡萄樹的葉子，教我觀察葉片形狀去分辨葡萄品種，辨別每塊葡萄園的主要土質類型。對法國人來說，即便是同個葡萄品種，只要種植在不同土壤上，長出來的葡萄釀成酒後的風味就會不同，所以莊主會根據每一塊葡萄園土壤的特性，來選擇適合種植的葡萄品種，藉此釀造足以反映當地土壤與氣候特色的葡萄酒。就像同個品種的茶樹，種在阿里山跟日月潭的滋味肯定不一樣，風土的概念適用於各種農作物，但農作物最終會被如何適性轉化？我們在判斷一支酒的好與壞時，也必定要回歸到原料品質來思考。

從不同角度解讀葡萄酒

那麼，葡萄酒是什麼？葡萄酒的本質意義是發酵葡萄汁，文化意義是美學與品味，風味意義是人性本能之探索。但不管如何，餐桌上有一杯酒，無論從哪個意義而言，都是件美好且能完整一餐的豐盛體驗之事。

酒色、酒香、品飲

法文裡，喝是 Boire，品是 Déguster，從喝到品之間的差別是什麼呢？

我剛開始學葡萄酒的時候，看了許多學習品酒的書跟影片，也很認真上課，老師在台上講得鉅細靡遺，而且還是用法文，但我有聽沒有懂，只能悶著頭模仿老師動作做。首先，舉起酒杯觀察酒色，湊近鼻子聞一聞，然後品嚐一口，此時還要搭配漱口動作，老師說每嚐一款酒，都要有意識地重複做這個動作，但這對於當年剛開始學習葡萄酒的我而言，實在是件有點辛苦的事。

直到我到法國酒莊實習，我才發覺原來品飲這件事可以很生活。我問酒莊莊主怎麼品酒，他建議我先多看、多喝，用很自然的方式來學習，一天、兩天、三天⋯，我開始理解品飲三步驟的箇中道理，而且有幾個非常簡單的方式，能在我們生活中輕鬆實踐。

受到葡萄皮影響的「酒色」

人是視覺的動物，看到顏色漂亮鮮豔的食物會比較有食慾，因此欣賞酒色是品嚐與享受葡萄酒的一環；觀察酒色不僅僅是判斷它是紅、白、粉紅，也能對葡萄酒的狀態有初步分析。

葡萄酒的酒色來自葡萄皮，請大家回想一下，每次剝葡萄時，葡萄皮卡在指縫中是否會染色呢？有時甚至還會染到衣服，就像染料一般，所以觀察酒色時，需要很直覺地理解：**釀造過程中，酒液的深淺與「葡萄皮接觸的時間長短」有關。**

　　葡萄採收下來後，大致有兩種做法，一是直接入槽發酵，二是榨汁入槽發酵，沒錯，請仔細看這兩個步驟：前者是直接「連皮」一起入槽發酵，後者則是僅有「葡萄汁」入槽發酵。

　　沒有與葡萄皮做浸泡接觸的葡萄汁，就像葡萄果肉一樣帶著淡淡黃綠色，酒精發酵後就成了白葡萄酒。而與葡萄皮浸泡接觸的葡萄汁，會染上葡萄皮的顏色，成為「有顏色」的葡萄酒。酒液與紅葡萄皮的接觸時間長，會變成紅酒；接觸時間短，則變成粉紅酒，就像泡茶一樣，浸泡時間越長、茶色越深，酒色深往往代表萃取時間長，風味濃厚。換言之，若你喜歡喝重口的酒，那麼挑選酒色深的通常沒錯。

在法國有一種葡萄酒叫「**黑酒（Vin noir）**」，就是使用皮厚且色深的葡萄品種：馬爾貝克（Malbec），以高強度萃取方式釀造的葡萄酒，酒色極深、風味也濃郁強烈。這種酒在法國的主要產區是卡奧（Cahors），濃郁型紅酒能搭配強烈風味的肉類料理，只要有吃碳烤肉排、燉野味的場合，法國人經常會推薦卡奧產區的馬爾貝克黑酒。

紅酒的顏色受到葡萄皮萃取時間長度和品種的影響，不像白葡萄酒如此透光。若想仔細觀察紅酒，建議在酒杯底下放張白紙，或任何能夠讓光線穿透映照出色澤的淺色物品，才能真正看清紅酒的色帶與酒齡。通常邊緣色帶漸層越明顯，越呈現紅褐色，代表這款紅酒陳年的時間越長。

一般來說，年輕的紅葡萄酒，酒色鮮豔，呈現紫紅或寶石紅色；陳年的紅葡萄酒，酒色會逐漸轉為磚瓦紅或紅棕色。

相較於紅葡萄酒，白葡萄酒就比較好觀察，從青綠色到焦糖色都有，白酒酒色跟葡萄品種、釀造與陳年時間有關，入橡木桶陳年過的白酒，酒色往往更為金黃，隨著陳年時間增加，酒色也會變得更為深沉，這些都跟葡萄酒的氧化程度有關。

白酒透光性較高，所以是否經人工過濾就能看得更明顯，裝瓶前未經人工過濾的白酒，其酒色明顯呈現一種霧感。如果你是自然酒愛好者，光看酒色即可判斷這支酒是否為自然酒；未經過濾的酒，油脂感通常比較高，入口後的包覆性佳，適合搭配油脂豐富的菜餚。

近幾年流行的「**橘酒 (Vin orange)**」，則是白葡萄連皮一同入槽浸泡發酵的成色，簡單來說，**就是用白葡萄作為原料、但使用釀造紅酒方式製作的酒品**。橘酒的橘色，其實是白葡萄皮長時間浸泡出來的染色結果，橘酒色澤越淺、浸泡時間越短、滋味越清爽；色澤越深、浸泡時間越長、滋味越紮實飽滿，單寧質地也隨之更有存在感。

邊緣色帶較寬，
陳年時間較長

邊緣色帶較窄，且
酒色艷紅，較年輕

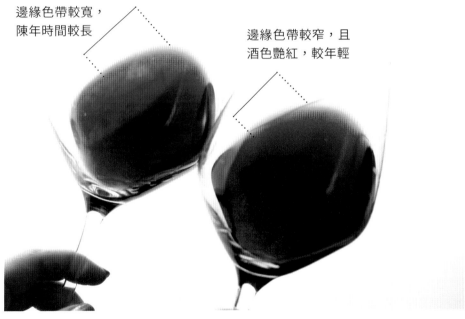

邊緣色帶 (Rim Variation) 會暗示紅酒的年紀，越老的酒不僅酒色帶有磚紅色，邊緣色帶也較寬。

什麼是酒淚？

當我拿到一杯酒，除了觀察酒色外，通常還會搖晃一下酒杯，觀察酒液滑下杯壁的速度，這叫酒淚（Larmes du vin）。**酒淚滑得越慢，代表這支酒的酒體較為飽滿，合理推斷若不是酒精度高、就是含糖量高。**當你喝不出酒精濃度時，搖晃酒杯、觀察酒淚，就能當個濃度偵測器！

但要為大家破解一個迷思，並不是酒淚滑得慢、酒精濃度高，就代表是好酒，因為在氣候暖化之前的年代，葡萄要成熟並不是那麼容易，因此甜度與酒精濃度是判斷釀造用葡萄是否足夠成熟的依據，但是隨著氣候暖化的現今，已經越來越少酒莊需面對葡萄無法成熟的狀況，反而是過熟、過甜、酒精濃度過高的三高挑戰了。所以，先仔細觀察葡萄酒的色澤，便能獲取非常多資訊，有時甚至不需入口，就已經知道這支酒是否符合當下想品嚐的風格，是不是非常實用呢？

幫大家總結一下：白葡萄酒會隨陳年時間，顏色逐漸變深，就像蘋果切開後氧化，從淺黃色變成黃褐色。紅葡萄酒則相反，絕大多數會隨著陳年時間，顏色逐漸變淺，就像染料褪色一樣，從飽和濃郁的寶石紅，變成淡淡的磚褐色。因此我們品酒時，除了葡萄酒的酒齡外，還能透過觀察酒色初步判斷以下資訊：

1. **澄清度**：酒色混濁通常代表裝瓶前未經人工過濾。
2. **酒色深淺**：酒色深淺會受葡萄品種、成熟度及釀造過程影響。通常皮薄的葡萄品種酒色較淺，來自冷涼氣候的葡萄酒色較淺，釀造萃取時間短的酒色較淺。
3. **邊緣色帶**：可透過觀察邊緣色帶，判斷陳年時間長短。
4. **酒淚**：可透過觀察酒淚流下的速度，推測酒精濃度與殘糖量。

下次試著藉著酒色做出一些判斷吧，就像算命未卜先知看手相，學會觀察酒液，當你朋友的「葡萄酒算命師」！

最複雜卻最享受的「酒香」

我認為，嗅聞葡萄酒香氣是品酒三步驟中最複雜卻最享受的一環，原因是葡萄酒香氣實在太複雜多元，有時光聞酒香就飽了，這也是我喜歡品酒的原因。為什麼葡萄酒的香氣這麼複雜呢？而且是我們吃新鮮葡萄時感受不到的，對吧？

葡萄酒香的秘密就在於「發酵」，發酵是一個非常神奇、近乎魔法般的過程，可以把很多原本不存在的風味「變」出來。有一次，我在酒莊帶完品飲行程，客人問我這款紅酒聞得到花香，是不是因為葡萄園旁有種玫瑰花？其實不是，我們喝到的葡萄酒之所以有這麼多豐富香氣，有很大一部分是發酵的神奇力量，葡萄酒裡的唯一原料是葡萄（人工調味葡萄酒除外），這是大自然贈與我們的禮物。

因此，嗅聞葡萄酒大致分為兩階段，第一階段是你對葡萄酒嗅聞的第一印象，法文稱為 Le premeier nez，此時還不需晃杯，單純把葡萄酒倒入杯後直接湊近品聞，就會聞到較為表層的香氣，比如花香與果香。就像你認識新朋友時，對他外表的第一印象也許是妝容樸素？或花枝招展？

以初步階段來說，芳香型葡萄酒通常較吃香，比如麝香葡萄（Muscat）、雷司令（Riesling）等，它們的花果香存在感強，這也是為什麼芳香型品種通常較得緣的原因。

品飲第二步驟，法文稱爲 Le deuxième nez，直譯爲第二個鼻子，就是你對這支酒的第二印象，此時請輕輕搖晃葡萄酒杯，讓酒液與空氣做接觸，可以觀察出更多香氣與細節。就像初次見到新朋友的外表之後，透過彼此交談來深入了解他的不同面向，此時妝容樸素者，可能有更多豐富的內在值得玩味；而花枝招展者，或許維持其張牙舞爪，內在卻沒有太多驚喜變化。

我經常覺得，品嚐葡萄酒時能獲得許多人生哲理，不以第一印象爲識人之憑藉，總期待在時間的參透之中，更多地感受一個人或一支酒的不同個性，這也是品酒最令人津津樂道之處。有些酒是悶騷型，初開瓶時沒什麼香氣，沉默寡言，此時就需要一些暖場，透過醒酒的方式。讓酒液跟空氣做更多接觸。可能不需幾分鐘，這位沉默寡言的朋友瞬間成爲餐桌上最多話的那一位，不知道你身邊有沒有這類型的「悶騷型朋友」呢？

除了品酒，「醒酒」也是我最常被問到的「葡萄酒百問」中的前幾名，因爲大家幾乎認爲紅酒就一定要醒酒，但想想你身邊的朋友，並不是每一位都很悶騷需要暖場吧？同樣道理，也不是每款紅酒都需要醒酒，醒酒時間的多寡看經驗，並且因人而異，後續章節會更深入地討論。

葡萄酒的天地人

　　葡萄酒的香氣大致分成三層，就像泡茶分三泡一樣，每一泡會釋出茶葉中不同的風味成因，葡萄酒的香氣亦是如此，透過理解三層香氣來感受酒液中的「天地人」。

一級香氣──
葡萄品種香氣：即葡萄品種本身的氣息，與生長環境有關。

二級香氣──
釀造香氣：葡萄在釀造過程中發展出來的氣息。

三級香氣──
陳年香氣：葡萄酒經陳年後發展出來的氣息。

一級香氣：葡萄品種香氣

葡萄酒的本質是水果，因此基礎香氣便是葡萄品種的氣息，比如各種水果香或花香調氣息。這層香氣暗示了葡萄生長環境的氣候，如果風味呈現熱帶、飽熟甚至果醬般的氣息，就可推測該葡萄的生長環境較為炎熱。

舉例來說，種植在南法的夏多內葡萄釀成的白酒有較為成熟的鳳梨、百香果等熱帶水果氣息。而種植在布根地北方夏布利產區的夏多內葡萄，則有較為清新的白花、萊姆、青蘋果風味，即便是同一品種的葡萄，風味卻截然不同。

通常，一級香氣會隨著陳年時間逐漸褪去，因此在年輕的葡萄酒中，比較容易發現更多的花果香。

二級香氣：釀造香氣

二級香氣是指葡萄在釀造過程中發展出來的氣息，比如說酒液經由橡木桶陳年的木質、堅果、辛香氣息；經由乳酸發酵而來的柔潤油滑優格風味；與酒泥長時間接觸陳釀後則有烤餅乾、麵團氣息等，都是屬於葡萄酒在釀造過程產生的香氣類型。

有的釀造香氣若做得較為明顯，開瓶時會立即顯現，比如在全新橡木桶中陳釀，或酒液長時間與酒泥接觸陳年等情況；但有些二級香氣則需要開瓶一段時間才會顯現。

某些價格低廉的葡萄酒，會在釀造過程中加入木屑來代替昂貴的橡木

桶，開瓶時會立刻浮現木質氣息，但有一種浮在酒液表層的感覺，氣味缺少續航力，與果香的融合感也較低。

三級香氣：陳年香氣

三級香氣是指葡萄酒經陳年後發展出來的氣息，比如說黑松露、蕈菇、陳舊衣櫥、梅干茉、果乾、焦糖等。一瓶好的且介於最佳適飲期的葡萄酒，會同時擁有一、二、三級香氣，當你能在酒液中辨認出的香氣元素越多，即代表這支酒的層次感越豐富。

如果一支酒在開瓶時只有一級香氣的花果香，可判斷它還很年輕，雖然不至影響品飲享受（畢竟小鮮肉還是挺誘人的～），後續透過醒酒或陳年，能預期它會發展出更多層次。但如果開瓶時發現酒中只剩三級香氣而缺乏果香，那麼則可判斷這支酒已經太熟、太老了。

當葡萄酒缺乏良好的保存環境，或運送途中非全程冷藏，加上台灣氣候偏炎熱的狀況下，這時葡萄酒很有可能被熱到。熱劣化的葡萄酒容易在酒款還年輕時，就產生不該有的三級香氣而缺乏新鮮度。不只開瓶香氣較沉，入口風味也較無活力，後面章節會分享在台灣如何保存葡萄酒的合適方式。

什麼酒需要醒酒？如何醒？

醒酒最直接的目的，就是讓酒液與空氣接觸，進而讓香氣更舒展、單寧更柔軟，有時也是為了讓不悅的厭氧（reduction）或陳年氣息散去。所以，並不是每種紅酒都需要醒，也不是每種白酒都不需要醒，**我會建議**

根據你品飲這支酒當下的感受，透過觀察香氣是否閉鎖、入口是否澀口來決定。

　　每位朋友、每款酒的性格不同，所以需要的暖場與醒酒時間也不盡相同，即便是最頂尖的侍酒師，也無法在完全沒有試酒的狀態下，僅透過酒標就能判斷一支酒需要醒的確切時間，這需要非常豐富的經驗，以及評估各項因素綜觀而得的結果（比如適飲溫度、窖藏環境、年份等），每支葡萄酒需要被照顧的方式不同，這也是侍酒師這份工作的有趣與困難之處。如果想在家裡有更好的品飲體驗，建議把「醒酒」當成一種享受葡萄酒的過程。

　　我在很多年前曾拜訪布根地的一間小酒窖，是由一對老夫婦經營，他們的獨子英年早逝，故將講解布根地葡萄酒當成他們傳遞熱情的志業。我喜歡布根地人對於葡萄酒的熱愛與真性情，你會覺得他們真的把人生活成葡萄酒的樣子，那次的品飲經驗讓我至今記憶猶新，幾乎覺得才是昨天的事，老太太還特別跟我們分享了她的醒酒秘密。

　　她說每次和先生吵架時，都會開一瓶葡萄酒，把酒放在餐桌的正中間，兩人吵到沉默不語時就倒酒來喝，喝著喝著，時間慢慢過去，氣消了，酒也醒了、變好喝了。聽起來多浪漫啊～

　　也許我是有點 old school 的人，信奉老派約會之必要，因此在品飲葡萄酒的過程裡，總希望把電子設備使用降到最低。許多人問我對電子醒酒器的想法，但我想，我這輩子在品嚐葡萄酒時，都不會輕易放棄醒酒的儀式感，即便我是一個很沒有耐性的人…。但我願意，把時間花在等待美好的事物上。

與酒液合而為一的「品飲」

終於來到最後一步，喝酒的最終目的就是要喝進肚子裡，若說聞酒香是一窺葡萄酒的神秘面紗，那麼把酒喝下去，就真的是與之合而為一了。

我一直十分迷戀品飲葡萄酒的原因，是釀酒製酒的人百百種，葡萄酒的樣貌與風味多元到難以計數。葡萄酒非我們日常必須的飲品，代表這是我們主動選擇去飲用與享用它，這個過程出於人思考之本意，就佔了絕大多數的決策目的。因此對我而言，我相信葡萄酒品飲不只是種文化，也是種生活風格，聽說透過一個人的 Spotify 能看出他的樣貌、參觀一個人的書房可以窺視他的內心，那麼我認為參觀一個愛酒人的酒窖，亦能從他的吃食品味來了解他的個性。

喝酒步驟大致分成兩步驟，第一是用你的舌頭，第二則是透過你的鼻後腔。由於我們的舌頭僅能感受到甜、鹹、酸、苦、甘等五個味覺，要進一步判斷此風味是草莓、櫻桃、藍莓、桑椹等實際差異，得仰賴鼻腔後的嗅覺受器來判斷。

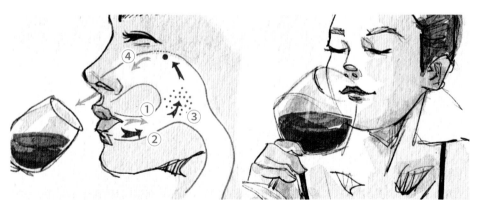

1. 接觸空氣　　2. 讓葡萄酒進入口腔　　3. 感受香氣　　4. 用鼻孔呼氣

從品飲到描述感受

品酒時，想要完整感受與體驗葡萄酒風味的方式，是讓酒液入口後，盡可能在口腔內的「每個角落」輪轉繞圈，並適時地用嘴吸進些許空氣，讓香氣分子藉著口中溫度昇騰，再帶入鼻腔。如果用文字來形容品飲一支薄酒萊紅酒的過程，大致會是這樣的：

1. 酒液入口後，舌尖先感受到甜感，接著舌側感受到酸感，到舌後段時體驗到些許苦感。
2. 用嘴巴吸一小口空氣，並由鼻孔呼出這口氣，感受到成熟草莓的果香、淡淡紫羅蘭的花香。
3. 接著將酒液慢慢啜飲入喉，感受酒在喉頭延續的餘韻，帶有些許巧克力的氣息。

你在描述這支酒的時候，就可以根據以上感受表達：「這是支有成熟草莓果感、紫羅蘭花香，與些許巧克力苦韻氣息的紅酒。」

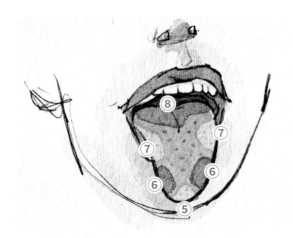

從舌尖到舌後根的感受路徑

5. 感受甜味（SUCRE）
6. 感受鹹味（SALE）
7. 感受酸味（ACIDE）
8. 感受苦味（AMER）

不知道大家有沒有重感冒時吃食無味的經驗？尤其鼻塞無法聞到或判斷任何香氣時，吃任何食物的風味幾乎都非常寡淡。因為我們的味蕾無法辨認風味上的差異，必須藉著鼻子嗅覺感官協助，才能完整品飲體驗。若有朋友跟你說：「我喝到草莓的味道！」這其實是一種感官描述上常見的偏誤，能辨別出「草莓味道」的是鼻子而不是舌頭。當然，我們用餐時不需要這麼精確描述感官體驗，但若能將這個小小技巧記在心裡，下次去酒窖挑酒或推薦葡萄酒給朋友時，便能描述地更為準確。

　　綜觀以上，我們只聊到甜、鹹、酸、苦、甘等五個味覺，以及香氣分子的延續，但尚未聊到另外一個很有趣的感受，就是「觸覺」，觸覺體驗在品嚐紅酒時尤其重要，因為紅酒裡有單寧（tannin）這個重要成分。

葡萄酒的觸感

　　我們在品嚐紅酒時感受到的「澀感」就是單寧，這是一種自然存在於葡萄皮、葡萄籽、葡萄梗的多酚物質，讓口腔有些許乾澀緊縮的感受。單寧是能夠保存葡萄酒的天然物質，因此年輕葡萄酒的單寧往往較為強壯，並且隨著時間陳年逐漸減弱、變得柔軟。

　　單寧是一種觸感，所以描述觸感時可以用材質來形容，從粗顆粒的砂紙、厚實貼舌的羊毛、柔軟果感的天鵝絨、甚至是質地細密的絲綢，都是用來形容紅酒口感的常見方式。我自己在品嚐紅酒時，非常喜歡多汁果感的風格，經常會有吃著新鮮葡萄宛如軟糖的歡快感受。

　　前面章節曾討論過「葡萄皮與汁的浸泡時間長短會影響酒色」，就像泡茶，茶葉浸泡時間越長、茶色越深，茶風味與澀感也會隨之增強。類似的原理，通常強壯、單寧豐厚的紅酒，浸皮發酵的時間也較長，這就是受到不同釀造方式影響的緣故。

　　此外，釀酒過程若使用到橡木桶，也會為紅酒帶來些許單寧質地，尤其是全新的橡木桶；在橡木桶中長時間陳釀的白葡萄酒，品飲時也會帶有些許單寧。能夠軟化單寧的關鍵則是「氧氣」，它會讓單寧聚合，讓入口的澀感降低，因此陳年老酒口感較柔和，醒酒能降低澀感。有的酒農會刻意讓紅酒在橡木桶中長時間陳釀，目的就是為了軟化單寧。弱單寧的酒不會特別抓嘴，喝起來順口，但是單寧強度並不等於單寧的品質。

高強度單寧能幫助葡萄酒陳年，並且會隨著陳放時間逐漸軟化柔和。而高品質的單寧，則必須來自原料好，成熟度佳的葡萄。若是原料不好，單寧品質不佳，卽便陳年時間再久、醒酒時間再長，都無法讓砂紙變成天鵝絨。因此辨別葡萄酒中單寧的成熟度與質地，是判斷紅酒品質很重要的依據。

法國酒農經常說，葡萄酒的好壞在葡萄園已決定了 90%，人們在酒窖裡能做的事微乎極微。舉例來說，一名廚藝精湛的廚師使用的食材品質不好，卽便用再多技藝與調味料，也無法讓客人品嚐到眞正的料理美味。

什麼是酒體？

「酒體（body）」顧名思義是酒的身體，也就是酒的重量，是我們品嚐葡萄酒時會直接感受到的飽滿程度。酒體包含了一款酒的殘糖量、酒精濃度（**酒體＝甜度＋酒精度**），傳統認爲葡萄酒的飽滿度越高、濃度越高，品質越佳，但這只是個中性不帶優劣的事實。

酒體飽滿往往象徵了葡萄酒來自成熟度佳、較爲炎熱的產區、釀造過程的浸泡時間較長、有殘糖，或經由橡木桶陳釀；當酒體增加，入口存在感較強，會讓人比較有喝酒的感受，但並不能當成判斷酒款好壞的依據。經常有人問我：「酒精濃度越高，酒越好嗎？」那麼酒精濃度只有 11.5% 的香檳，是否就不算是好酒了呢？

其實在很久以前，香檳的確是比較辛苦的產區，主因是香檳區緯度高、氣候涼爽，葡萄成熟不易，因此透過特殊的「瓶中二次發酵法」讓酒液帶有氣泡感，甚至是延長瓶中與酒泥接觸的陳年時間、裝瓶前添糖等種種做法，來消弭高酸、增加香檳的厚度與層次度。但是隨著氣候暖化，香檳區的葡萄越來越成熟，氣泡似乎也不再是必須，酒精濃度超過 13% 的「無氣泡」靜態香檳紅白酒越來越普及，或許在未來，我們都會想念那個只有 11.5% 酒精濃度的香檳年代，以後人們可能會改問：「是否酒精濃度越低，酒越好呢？」

人有高矮胖瘦等不同體格，葡萄酒也是如此。葡萄酒的口感結構包括：

1. 酸度
2. 單寧
3. 甜度
4. 酒精度
5. 風味濃度（有時會跟甜度放在一起，通常甜感較高的酒，給人的濃郁感較高）

一般來說，酸度和單寧的口感較銳利，是葡萄酒的骨幹；甜度、酒精度、風味濃度的口感較圓潤，是葡萄酒的肉。

有時我們會形容一支酒「纖細」，往往是因為它較為骨感，可推測是酸度較高的葡萄酒。相對地，若形容一支酒「豐滿」，則代表濃郁感偏高，可能是甜度或酒精度較高。若說一支酒很有「力量」，則代表它既有酒體，又兼具高酸與高單寧的架構。

何謂葡萄酒的「平衡感」？

相信許多人剛接觸葡萄酒時，有時會聽到別人在品飲時說出：「這支酒喝起來很平衡（un vin équilibré）」，這究竟是什麼意思，我們又該如何感受它？想判斷葡萄酒的品質，「平衡」是其中一個很重要的衡量標準，可以想像成橫向線軸，兩側端點別爲硬元素和軟元素，像個翹翹板，這種平衡稍微向一側傾斜是正常的，會決定這款酒的風格，但如果過於向一側傾斜，我們就會覺得這支酒不夠平衡。

這麼說似乎有點抽象，以製作醬燒豬肉這道菜來舉例好了，如果烹調時不小心把醬油倒得太豪邁、吃起來太鹹，在無法添加更多食材的情況下，大家會怎麼辦呢？加水會把味道給稀釋掉，不能解決整體的不平衡感，此時加糖就是個會讓料理吃起來鹹甜適中的做法。

在醬燒豬肉這道菜餚裡，醬油（鹹）代表了硬元素，冰糖（甜）則代表了軟元素，一般來說，料理要吃起來美味，軟硬元素（甚至是口感質地）肯定在各方面會達到一定程度的平衡。葡萄酒也是一樣的，美味葡萄酒的軟硬元素也需要讓品飲者感受到舒服和諧的平衡狀態。那麼在葡萄酒裡，軟元素與硬元素分別又是哪些呢？

軟元素：酒精、甜度
硬元素：酸度、單寧

當一支酒的酒精與甜度偏高時，我們通常會說喝起來很「圓潤」、「飽滿」。反之，當一支酒的酸度與單寧偏高時，我們通常會說喝起來很「銳利」、「剛強」。

這樣聽起來，似乎軟元素比較吃香？但你想想看，如果一個人單純只有圓潤飽滿，而沒有足夠的骨感或個性，是不是會覺得有些肥胖臃腫？所以高甜度的酒，往往也需要高酸度來平衡，這是甜酒的最高境界，甜在舌尖、舌側也會不斷分泌唾液，甜與酸同時達到天秤兩側的極致平衡。因此有些酒莊莊主會說：「我的酒，平衡度就像走在一條鋼索上的人，多一分少一分都不行」，就是這個意思。

　　以食物為例，若一塊蛋糕完全只有甜，而沒有任何酸、鹹點綴，是不是吃幾口就會讓人感到膩？所以甜點師經常會在餅乾蛋糕裡加少許鹽巴，或加入一些酸或苦的元素，為達到讓人一口接一口停不下來的境界。當甜點搭配茶品時，茶葉裡的「單寧澀感」也是扮演與甜食平衡的硬元素，所以吃甜食時想來杯茶，就跟吃油膩料理想搭一杯高酸度白酒一樣。了解這個原則後，餐酒搭配是否一點就通了呢？

認識世界經典釀酒葡萄品種

　　對初入門葡萄酒的朋友來說，學會辨認品種特色是很好的開始，因為每個品種都有自己的個性。藉由辨別品種，可以很快地找到適合自己喜歡的風味，就像廚師做菜，牛肉、豬肉、羊肉、雞肉風味各有不同，在這個小節，我會簡單介紹世界經典的葡萄釀酒品種，當成參考，幫助大家更好地挑選葡萄酒。

白葡萄酒的葡萄品種

夏多內（Chardonnay）

常見風味：黃檸檬、蘋果、奶油、香草、鳳梨、百香果

常見類型：干白酒

法國經典產區：布根地（Bourgogne）、香檳（Champagne）

夏多內是中性葡萄品種，因此更可以更忠實地呈現並讓人感受到葡萄種植環境、釀造與陳年所帶來的風味，這也是爲什麼夏多內如此受歡迎的原因之一。

在氣候涼爽的產區，夏多內會呈現較爲清脆的花香與柑橘調性；但在氣候炎熱的產區，夏多內則呈現成熟飽滿的熱帶水果風味。

夏多內沒有非常強的品種特徵，所以特別適合運用橡木桶增添風味，經由橡木桶或酒泥陳釀的夏多內白酒有種奶油般的烤吐司氣息，這也是爲什麼長時間陳釀的香檳，經常會有顯著的奶油圓餅風味。

雷司令（Riesling）

常見風味：花香、檸檬、水蜜桃、蘋果、蜂蜜、汽油

常見類型：干白酒、甜白酒

法國經典產區：阿爾薩斯（Alsace）

雷司令是芬香型品種，花果香顯著，有些酒莊爲了在酒液中留住這樣的香氣特質，會選用不鏽鋼槽釀造，或在裝瓶時選擇更好鎖住花果香的金屬螺旋蓋。

該品種在風土呈現上，較容易反映葡萄生長環境的礦石氣息，因此許多酒評家在描述雷司令風味時，會說它有著「溪邊碎石」的礦物感。成熟度極佳或經過陳年的雷司令白酒，經常有個獨特的汽油味。雷司令葡萄的自然酸度高，也經常被釀造成甜白酒，包括遲摘、貴腐、冰酒。

白詩楠（Chenin Blanc）

常見風味：洋甘菊、黃檸檬、西洋梨、蜂蠟、堅果

常見類型：干白酒、甜白酒

法國經典產區：羅亞爾河（Loire）

　　白詩楠跟夏多內一樣，都屬於中性葡萄品種，具備忠實詮釋風土的特性，能夠很好地反映種植與釀造過程。法國最著名的白詩楠釀造產區是羅亞爾河，種植範圍尤以中游為主，該產區的白詩楠葡萄酒風味呈現多元，包括氣泡酒、干白酒、貴腐甜白酒都有。氧化調性的白詩楠白酒，經常出現誘人的果乾、蜂蠟氣息。

白蘇維濃（Sauvignon Blanc）

常見風味：黃檸檬、百香果、水蜜桃、哈密瓜、草本

常見類型：干白酒、甜白酒

法國經典產區：羅亞爾河（Loire）、波爾多（Bordeaux）

　　白蘇維濃原生法國羅亞爾河產區，法文中的 Sauvignon，帶有野性（Sauvage）含義，以此形容該品種的香氣奔放不受拘束，有時候也會有個明顯的草本菜豆或蘆筍的氣息。

　　在新世界產區（例如紐西蘭）的白蘇維濃白酒，經常有顯著的芭樂風

味，舊世界產區（例如法國）的白蘇維濃白酒，風味較爲內斂，因爲法國傳統釀造過程常會將白蘇維濃入橡木桶陳年，藉此平衡它的野性與酸度。

除了干型的白蘇維濃白酒外，波爾多產區也經常以此品種釀造蘇甸貴腐甜白酒。

白格納希（Grenache Blanc）

常見風味：成熟水蜜桃、葡萄柚、柑橘皮、哈密瓜、茴香

常見類型：干白酒、加烈甜白酒

法國經典產區：南隆河（*Rhône*）、普羅旺斯（*Provence*）、朗多克胡西雍（*Languedoc-Roussillon*）

白格納希耐旱，相當適應地中海型氣候，是南法常見白葡萄經典品種。格納希家族的葡萄品種特徵是皮薄、甜度高，因此釀造出來的葡萄酒在果味豐沛的同時，酒精濃度也較高；若成熟度太高，釀造後的酒液有時會帶些許苦韻。

絕大多數時候，格納希會與其他白葡萄品種混釀，比如 Marsanne、Roussanne、Clairette 等，來平衡酒液的酸度與風味層次感。在胡西雍產區則會使用該品種，加入烈酒後陳釀做成知名的班努斯甜酒（Banyuls）。

紅葡萄酒的葡萄品種

黑皮諾（Pinot Noir）

常見風味：紅色莓果（草莓、覆盆莓）、玫瑰、香草、蘑菇木質調性

常見類型：干型紅酒

法國經典產區：布根地（Bourgogne）、香檳（Champagne）、阿爾薩斯（Alsace）

黑皮諾是嬌貴的葡萄品種，葡萄皮薄、容易染病，果實顆粒小，故產量較低，再加上早熟的特性，較適合種植在涼爽氣候的地區，更能展現其香氣的豐富與層次感。

黑皮諾紅酒在年輕時就已具備芳香且細緻優雅的特質，經陳年後的黑皮諾，風味層次更加豐富，同時也是個耐陳年的葡萄品種，因此黑皮諾紅酒的價格居高不下，尤其在布根地產區。此外，黑皮諾亦是法國阿爾薩斯唯一法定允許釀造的紅葡萄品種，近年來隨著氣候暖化，阿爾薩斯黑皮諾紅酒的風味，也越來越成熟穩定、品質極佳。

卡本內蘇維濃（Cabernet Sauvignon）

常見風味：黑色莓果（桑椹、黑櫻桃）、菸草、可可、雪松、咖啡

常見類型：干型紅酒

法國經典產區：波爾多（Bordeaux）、普羅旺斯（Provence）

卡本內蘇維濃是世界最廣泛種植的葡萄品種之一，特色是高酸、高單寧、高酒體，非常適合過桶陳釀，同時也極具陳年潛力。成熟度高的卡本內蘇維濃紅酒，經常帶有飽滿深厚的黑色莓果風味，比如黑櫻桃、桑椹、黑醋栗等，但若是成熟度不足，則會透出些許的青椒草本特質。

酒農們經常會將卡本內蘇維濃與梅洛葡萄做混釀，即為「波爾多紅酒」，而新世界產區（例如智利、阿根廷、美國等），大多會選擇以卡本內蘇維濃為單一品種，做成濃郁有如黑醋栗香甜酒的風味。

格納希（Grenache）

常見風味：紅色莓果（成熟草莓、成熟紅櫻桃）、杏桃乾、梅子、普羅旺斯香草

常見類型：干型紅酒、加烈甜紅酒

法國經典產區：南隆河（*Rhône*）、普羅旺斯（*Provence*）、朗多克胡西雍（*Languedoc-Roussillon*）

格納希葡萄源自西班牙，是一種耐旱的葡萄品種，相當適應地中海型氣候，因此普遍種植於南法，最知名產區莫過於教皇新堡（Châteauneuf-du-Pape）。格納希家族的葡萄品種特徵是皮薄、甜度高，故釀出的紅酒多汁、果香豐沛、單寧細緻，極為討喜，但相對地，酒精濃度也較高。格納希是較容易氧化的葡萄品種，陳年後經常發展出梅乾、黑松露等蓬鬆香料氣息。

絕大多數時候，格納希會與其它紅葡萄品種混釀，比如 Mourvèdre、Syrah、Cinsult 等，來提升風味層次感，但有時候酒農會刻意選擇單一品種釀造，來呈現格納希葡萄的細緻果味。

希拉（Syrah）

常見風味：黑色莓果（桑椹、黑櫻桃）、紫羅蘭花、黑胡椒、丁香、肉乾

常見類型：干型紅酒

法國經典產區：南北隆河（*Rhône*）

希拉廣泛種植於南北隆河，同時也是北隆河唯一法定允許釀造紅酒的葡萄品種，它可以濃郁亦能淡雅，可以強壯也能柔軟，是相當多變且豐富的葡萄品種。種植在氣候涼爽的產區，會呈現優雅的紫羅蘭花香，在炎熱產區則帶有肉乾風味，且辛香氣息顯著，相當迷人。

在北隆河產區，希拉有時會與白葡萄品種混釀，常見如 Viognier；在南隆河產區，希拉則經常與 Grenache、Mourvèdre、Cinsult 等葡萄品種混釀，以增添複雜度。由於希拉葡萄的抗氧化性強，具有較高的陳年潛力。

梅洛（Merlot）

常見風味：黑色莓果（藍莓）、可可、咖啡、香草、月桂葉

常見類型：干型紅酒

法國經典產區：波爾多（*Bordeaux*）

梅洛葡萄容易種植、產量大，中等單寧、中等酸度、中等酒體，帶有討喜的圓潤、柔順、豐腴等肉感特質，是很適合初入門紅酒的品種類型，但是風味呈現上較無獨特個性，因此在波爾多經常與架構明顯、皮厚單寧足的卡本內品種混釀。

加美（Gamay）

常見風味：紅色莓果（草莓、覆盆莓、紅櫻桃）、泡泡軟糖、紫羅蘭、
玫瑰、土壤
常見類型：干型紅酒
法國經典產區：薄酒萊（Beaujolais）

加美是薄酒萊經典紅葡萄品種，由於皮薄、紅色莓果香氣豐沛，特別
適合趁新鮮飲用。在薄酒萊產區，經常會使用特殊的二氧化碳浸漬法，刻
意讓葡萄發酵在果粒內進行，而不是破皮後長時間接觸葡萄皮，因此釀出
來的酒經常帶有低單寧、不澀口、清爽易飲的特質。

品種是風味基礎，但非一支酒的全貌

了解品種風味是入門學習葡萄酒很好的方式，因爲先建立了風味的基
礎認知，但是建議不要過於執著，認爲一定要能嗅聞出該品種的特定香
氣，因爲卽便是同一種食材，都有可能因爲生長環境的不同、料理方式差
異而變化出多元且超出想像的滋味。

尤其在自然酒世界裡，葡萄品種的面貌更是變化萬千，有時我們以爲
的品種模樣，可能是人爲賦予的理想姿態。了解之後，放下它，相信自己
的感官，做最眞實的、快樂的自己。

Célia
Wine
Travel

Chapter 2
酒莊裡的葡萄酒素顏

一年裡有半年都住在法國酒莊裡，是種什麼樣的體驗？多年前，一杯酒都不會喝的 Célia，因緣際會下展開學酒尋酒之旅。住在酒莊裡和眾多酒農學習「葡萄酒到底是什麼？」的她，用時間和人生刻劃出葡萄酒的完整輪廓、內在與軸心，透過本章，一起看看酒莊裡的葡萄酒素顏。

為什麼我會住在法國葡萄酒莊？

　　五年前的夏天，我參加南隆河的瓦給拉斯村莊（Vacqeuryas）葡萄酒節，這是法國葡萄酒產區的傳統，尤其在普羅旺斯一帶，幾乎每個葡萄酒村莊都有這樣的慶典，當地的各間酒莊會在小鎮擺攤，這種齊聚一堂的時刻，對當地人或觀光客來說，都是感受在地文化與飽餐一頓的好時機。

　　2017 年底剛搬到南法的我，對於參加葡萄酒節躍躍欲試，當時幾乎拜訪了所有知名村莊的酒節，舉凡教皇新堡（Chateauneuf-du-Pape）、吉貢達斯（Gigondas）、塔維爾（Tavel）等，全都試了一輪，而與亨利莊主的相遇，就是在這樣的節慶上。

喔，不對，我不是與莊主本人相遇，而是先跟他的「酒」相遇。

　　瓦給拉斯（Vacqueryras）位於南隆河產區的左岸，距離著名教皇新堡僅二十分鐘車程，即便在台灣並不是那麼有名，但在當地是著名的隆河村莊級產區，也就是說，這裡絕大多數的村民都以釀酒葡萄酒維生。瓦給拉斯非常小，只有一間麵包店、一間比薩店、一間郵局、兩間酒吧、一間肉鋪，就是普羅旺斯村莊的標準規格，也因此幾乎所有人都彼此認識。每天早上哪位先生在哪一刻鐘會出來溜哪幾隻狗，都能成為當地居民的家常話題，規律樸實的日常讓人們對生活細節中的感知變得更鮮明。

　　每年的瓦給拉斯葡萄酒節，都舉辦在法國國慶 7 月 14 日的週末，各酒莊會在古羅馬小鎮蜿蜒的石板路上設立攤位，只要五歐元，就能獲得一只玻璃酒杯，參加者可以穿梭在有穹頂的小巷中，喝遍該產區的所有紅酒。

當時基於遠道而來的期待心情，我把葡萄酒節所有的酒款都嘗試了一遍，並在一個攤位上發現了克呂園酒莊（Clos de Caveau）。

有別於其他當地酒莊傳統的濃郁厚實滋味，克呂園酒莊的酒在飽滿果香中兼具清新酸度與優雅特質，非常耐飲。我很難得把酒杯中的紅酒喝空，一邊試，一邊不斷對當時的自己說：「這酒實在太不一樣、太特立獨行了！」想著想著，又回去酒展轉了幾圈，再次不自覺地回到克呂園酒莊的攤位，我喜歡這樣不經意的相遇。直到多年後的今天聊起這段往事，我總跟莊主亨利說：「我當時是在一百多款葡萄酒海當中找到你的。」

因為喜歡，所以特意驅車前往，穿越一條條森林裡的狹長小路後，映入眼簾是座落山谷，宛如世外桃源的克呂園酒莊，經多次拜訪，我跟莊主亨利（Henri Bungener）成為朋友，時不時就會去酒莊做台灣料理給他與其他歐洲朋友吃，由於亨利對麩質過敏且盡可能吃素，所以我總是絞盡腦汁變出各種花樣，廚藝大進步。印象中最困難是用無麩質麵粉擀餃子皮，沒有筋性的餃子皮一擀開就破，只好勉強包好再用蒸籠蒸熟，成品吃起來簡直像個全麥菜包！但亨利還是吃得非常開心，再加上我跟他的小孩差不多歲數，他待我就像女兒一般。

成為世界葡萄酒莊的數位遊牧

2022 年初，前房東把我在南法亞爾承租的公寓賣掉，一時之間居無定所，初創業的我經濟狀況比較困難，但亨利伸出援手，讓我在法國居留與未來規劃尚未明確的狀況下搬進酒莊，在酒莊需要幫忙的時候參與採收釀酒，平日協助接待遠道而來的客人品飲，我也在不經意的命運安排下，成為世界葡萄酒莊的數位遊牧（Digital Nomad）。

我常常帶上一卡行李箱與一台筆記型電腦，開著車齡十年的中古老車Peugeot308 旅行不同產區，有時到薄酒萊、布根地、香檳區，有時決定到諾曼底或羅亞爾河。我是個很憑直覺的人，經常遵循著內心聲音順應著命運安排而去，因此中東歐、北歐、南歐都是我曾經拜訪或旅居的地方，再加上與葡萄酒的緣分，一路拜訪大多是酒農，居住的地方也幾乎是產區或酒莊。慢慢地，我覺得世界在我心中的感受是扁平的，並不特別覺得哪一個地方特別遙遠，也不會覺得自己跟旅途中遇到的人們有多大不同，當足跡走得越遠，我就越覺得人生萬物之平等，而我也不斷被這些有趣的人們吸引。

　　在這世界角落尋找回來的酒款，就像我的人生記憶片段，並藉影像、文字、聲音，甚至是進口到台灣的產品，將我生命中的一部分故事，送到遠方有著相對應靈魂的你。

　　每一次回法國、回台灣，或拜訪不同國家，我都時刻提醒自己，用歸零的視角來體驗世界，回歸初心，簡單通透地過日子。我想我一直是很專心，並且快樂地做著這件事的。

採收前——
釀酒葡萄的本質風味

在溫帶氣候的法國，葡萄是一年一收，歷經多日休眠、春日開花、夏日長果，約莫到了夏末葡萄轉色，酒農就會爲葡萄採收做準備。葡萄跟香蕉、芒果不一樣，採收後無法繼續熟成，意指當葡萄被採摘下來的那一刻起就被鎖住定格，因此採收時間十分重要，這是個需要絕佳經驗與智慧的時刻。

爲了能準確判斷每一塊葡萄園，甚至是每一行列葡萄的生長進程，酒農從八月開始就會頻繁到葡萄園巡視、試吃葡萄、採集樣本回實驗室檢測。此時品嚐葡萄的目的，是感受葡萄皮跟籽的成熟度，我喜歡跟著酒農在採收前到葡萄園裡試吃葡萄，你會發現每個品種在每個階段成熟時的風味發展很不一樣，也許我們都太小看植物，其實它們各自擁有獨立個性，就跟人類出生有其天性，每一個人都是獨立個體，都是與眾不同的。

以我居住的克呂園酒莊來說，這裏最普遍種植的葡萄品種有兩個：格納西（Grenache）和希拉（Syrah）。講到葡萄品種的法文，有個小小冷知識想跟大家分享，法文名詞有陰陽之分，陽性是 le，陰性是 la，幾乎所有葡萄品種都是陽性，比如 le Grenache、le Pinot noir、le Chardonnay 等，葡萄酒 le vin、酒杯 le verre 也都是陽性。我曾經非常不能理解，因爲不合文法邏輯，一般來說字尾 e 的法文單字幾乎都是陰性，但在法國文化中卻有非常多例外，後來才慢慢知道原來法文文法跟傳統文化有關，簡單來

說，喝酒是男人的事，所以凡是與喝酒相關的，都是陽性詞彙！

但在眾多關於喝酒相關的詞彙中，有一個是象徵女性的陰性名詞，就是希拉葡萄 la Syrah，這個字起源希臘神話中的女神天后，也是眾多葡萄品種當中唯一的「女性」。我有個侍酒師朋友把他的女兒取名 Syrah，自從我知道這個故事後，就特別喜愛希拉紅酒。

隆河流域是法國第二大葡萄酒產區，細分為南北隆河，因氣候跟文化不同，釀成的葡萄酒風格非常不一樣，較為冷涼的北隆河大陸型氣候使得主宰該產區的希拉葡萄有較為清新的紫羅蘭花香。但是延伸到了炎熱地中海型氣候的南隆河，則有飽熟的黑桑椹感，甚至帶點肉乾味，原本婀娜多姿的女神變得狂野起來，所以佔據南隆河主要的葡萄品種，不是希拉，而是格納西（Grenache）。因此當我跟著釀酒師巡視位於南隆河產區的克呂園酒莊葡萄園時，主要判斷葡萄成熟狀況的測試就是以格納西品種為主。

耐旱、強健又甜美的南隆河之王——格納西

格納西這個品種耐旱，能承受普羅旺斯地中海型氣候的乾熱或暴雨，再加上當地酒農大多維持它傳統的樹形，不做藤架，讓它長得像一座球型小傘，因此更能適應這裡偶爾吹起的密斯特拉颶風，且不至被吹斷。以當地知名產區教皇新堡（Châteauneuf-du-Pape）來說，格納西種植比例佔據一半以上，且在混釀中也必須要有格納西這個葡萄品種，法國法律甚至規定該品種必須達到多少的成熟度，以確保一定程度的酒精濃度。光是這些種種，你就知道對當地人來說，格納西葡萄品種有多麼重要，還因此被稱為「南隆河之王」。

格納西的最大優點，同時也是缺點，就是「太過甜美」。

我們吃水果時，經常以爲甜感的反義詞是酸感，但其實甜跟酸是兩條不同的指標，你可以同時感受到甜，也能感受到酸，這不一定是相斥的。在水果成熟的發展過程中，當糖度累積到一定程度時，酸值就會掉得很快，只有甜味而沒有酸味的水果，吃起來會過於膩口，尤其在釀造葡萄酒的過程裡，糖分是決定酒精濃度的主要因素。過甜的葡萄會產生過高的酒精濃度，若缺少足夠酸度作爲骨幹支撐，那麼這酒喝來就會過於肥胖沉重，很難讓人一杯接著一杯喝。

位於亞熱帶與熱帶的台灣因氣候使然，我們的水果大多汁水豐厚且甜度極高，因此長久以來，我們挑選水果時，習慣將水果的甜度與優質程度劃上等號。爲了種出甜度極高的水果，農民往往透過施肥或選種的方式來達成，慢慢地會喪失水果的「本質風味」，成爲僅有甜味、沒有滋味的果實，凡事應該講求的是平衡，尤其是釀成酒後，原始食材的不平衡風味會被放大。

樹型好似一座球型小傘的「格納西」品種。

平衡是最理想的狀況，卻也最難

對葡萄酒農來說，採收期間最重要是掌握葡萄成熟度中的「平衡」，這沒有絕對答案，不像紅綠燈只要轉色就是成熟，這需要倚靠經驗、味蕾以及科學檢測的輔佐，來找到一個甜酸平衡的採收時刻，當平衡度在葡萄園裡已經完成時，就不需過多人工干預，原料美味、酒就美味。

隨著氣候暖化，南法的採收時間提早到八月初，於是每年從八月開始，我們會頻繁巡視不同地塊的葡萄園，試吃每顆葡萄果實入口的結構，然後咬碎葡萄籽，感受葡萄籽的單寧是否帶青澀味；再咬碎葡萄皮，感受它的表皮多酚與單寧質感。釀酒葡萄往往比我們當成水果吃的葡萄來得小、皮厚、甜度高，故風味更為濃郁，後續釀成酒才有足夠風味能延伸，以及陳年的潛力。

酒農採收和釀酒經驗越豐富，就能在葡萄園裡掌握到越好的風味平衡，尤其每年天氣都會改變，採收也成為考驗。若能採集到品質最佳的原料，就已經完成了釀酒工作的大半，這個平衡度甚至在第一階段榨汁後尚未發酵時，就能透過品飲明顯地感受其差異，包括酸甜平衡、風味集中度等。後續釀酒發酵作業，以自然派酒農的觀點，僅是陪伴它順應發展。

試吃葡萄成熟度是幸福的時刻，我常一不小心就吃太多，惹得肚子痛，因為除了甜度高之外，成熟中的葡萄酸值也是很高的，但面對新鮮掛在樹上的釀酒葡萄，你怎能說不呢？我喜歡在採收前拜訪法國各產區，有時酒農甚至會端出鮮榨的夏多內葡萄汁來分享，幾乎是蜂蜜柳橙汁程度的香甜滋味，這種酸甜兼具的時刻，要我肚痛幾回都甘願。

採收季節的儀式

葡萄採收的法文是 Vendange，是酒莊一整年當中最爲重要、壓力最大，也是最歡快的時刻。採收決定了一整年的努力成果，因爲無法預知採收時的天氣，就像玩大富翁抽卡牌，時不時出現「機會」與「命運」的交錯考驗，每個決定都對當年度的風味有極大影響。

根據酒莊大小，採收時間約莫持續一個月，但不是每天都會採摘葡萄，得視天氣狀況、葡萄成熟度與人力配置調整。如果有時遇到意外，比如榨汁機壞掉，就像抽到命運卡，必須延後採收時程。近年來的葡萄採收時間，因爲全球氣候暖化而有提早的趨勢。克呂園酒莊的亨利說，他的父母以往都是九月中才開始採收白葡萄，但是二十多年後的現在，南隆河產區八月中就已經準備要開始採收了，整整提早了一個多月。

世界各地採收釀酒用果實的時間不盡相同，自從開始關注蘋果酒與西洋梨酒等水果酒之後，我投入採收釀酒的學習時間更長，安排訪問酒農時要考慮的也更多。一般來說，葡萄最先開始，從八月持續到九月中，有些貴腐酒的葡萄採收時間會延續到十一月中；接著西洋梨採收，從九月底開始持續到十一月初；最後是蘋果採收，從十月持續到十一月底。

每年採收開始之前，當地政府通常會舉辦一些儀式，祈禱跟祝福農民採收順利，法文稱爲 Le ban des vendanges，由於南法農業興盛，相關活

動十分普遍且盛行，幾乎每個產區都有祈禱活動。以我居住的小鎮為例，穿著普羅旺斯傳統服飾的男女老少會搭配銅管演奏繞行，跳著普羅旺斯傳統舞蹈，雖然那音樂有時讓我想到農曆新年的嗩吶遊行，但就像舉辦婚禮一樣，是所有人都感到很開心的時刻。

跳完舞的居民會聚集在廣場，由檯上主席幫大家信心打氣，每次的講稿都差不多，說今年是個特好、絕佳、無以倫比的優質年份，就像選舉造勢的氣氛，聽了讓人腎上腺素激增，然後把一大籃象徵豐收的葡萄傳下去，所有人吃一口甜美無比的麝香葡萄，再拿出葡萄酒讓所有人暢飲，吃了葡萄、喝了酒，就像討個好彩頭，力氣都來了。

辛苦的採收工作

很多朋友聽我說完參與過採收後，都會投以羨慕眼光，但是相信我，採收絕不像電影那般美好浪漫，我必須發自內心誠實地向大家告解：「採收很累！非常累！」

為避免被強風吹斷，南隆河的葡萄樹高度通常較矮，每個人採收前會拿一個剪子跟一個桶子，撥開葡萄樹葉找出果串，用剪子剪斷葡萄梗，這是一個彎腰、站起、彎腰、站起的無限迴圈，再加上拿剪子的手不斷出力，虎口會疼痛。得把裝滿葡萄的沉甸桶子用力抬起，倒進採收車內，若平日欠缺鍛鍊，一天內就會腰酸背痛、隔天無法挺直，而我的動作明顯比其他法國人、葡萄牙人、西班牙人、波蘭人慢，好不容易採收完這棵葡萄樹，回過神，隔壁已經都沒人了，要扛著很重的葡萄擔子追趕採收車，然後一邊在後頭呼喊著：「等等我，我還在這啊！」

克呂園酒莊（Clos de Caveau）慶祝採收結束，大家一同舉杯。

酒莊為了犒賞幫忙採收葡萄的大家，會特別準備些好吃的食物，早晨可頌、咖啡是必備，中午會提供葡萄酒，傍晚則有氣泡酒或啤酒，還有什麼比勞動整天後來杯葡萄酒更神清氣爽？採收結束的大餐，法文稱為 La Paulée，酒莊主人會在葡萄園或酒窖裡擺設長桌和椅凳，用最豐盛的食物宴請眾人，感謝大家的幫忙，也感謝大自然的給予。

機器採收好？還是人工採摘好？

採收期間，有些酒莊會選擇效率較高的機器採收，目的是為了把握葡萄最佳的成熟時間，同時減少人力成本，尤其在幅員廣大且平坦的產區，機器採收是相對普遍的施作方法，我曾參觀過幾次葡萄機器採收，酒農都會熱情地邀請我上採收機「兜風」。

採收機像輛巨大的高輪坦克，行列的葡萄園會穿過兩輪之間，裡頭有許多像是洗車滾輪般的刷子，在採收機穿越的過程中不斷地拍打葡萄樹，把樹上葡萄全拍打下來，藉由馬達傳送到採收機後方的集合槽裡，就像瀑布一樣噗嘟噗嘟地噴出葡萄。不一會兒，一大卡車的葡萄就採收完畢，當中夾雜一些樹葉跟枝條，有的酒莊會再做揀選，有的不會，正所謂「細節成就完美」，葡萄酒的風味品質都來自這些小因素的積累。

通常沒有特別做葡萄揀選的酒莊，原料組成相對複雜，為了避免葡萄變質或劣化，大多在採收時就先施灑二氧化硫，並在後續每個階段視狀況添加。如此一來，會遏止野生酵母菌，因此進行到酒精發酵階段時，就必須透過添加人工酵母來啟動發酵，一步步地控制每個階段的進行。添加人工酵母的葡萄酒，發酵風味會朝特定方向發展，雖然比較安全，但經常會趨於一致。

我拜訪過許多小農酒莊，莊主大多堅持讓土地維持在六至七公頃的面積，因為這是一至兩位人力能夠勝任的手工施作範圍，質與量大多難以兼得，能否取得平衡就是智慧了。

跟我一起釀酒去！

　　釀造期間能待在酒莊裡是很特別的時刻，因爲酒窖裡會開始飄出酒香，葡萄汁發酵的滋味實在令人興奮且充滿期待。

　　釀酒（Oenologue）是門科學，葡萄採收下來後，會根據科學檢測數據理性分析以決定釀造方法。沒錯，並不是葡萄採收下來後，丟到罐子裡就會神奇地變成好喝的葡萄酒，卽便是自然派酒農也不完全是這樣做的（後續章節會再聊到自然酒的故事），工業化釀酒程序繁瑣嚴謹，比如要添加多少人工揀選酵母、多少溫度進行發酵、浸泡發酵時間要幾天、何時該進行攪桶等，釀酒師都能根據檢驗數據，給你一個像醫生開的處方籤，遇到任何釀酒問題都能對症下藥，盡可能在法律規範下，去完成絕大多數市場上認知的葡萄酒樣貌。

釀酒其實是工程學科！？

　　這聽起來的確很不浪漫，我第一次了解釀酒是工程學科時也感到震驚，尤其是親眼所見後，更感嘆現代葡萄酒生產已屬工業食品的範疇，有些大量生產桶裝葡萄酒的酒莊，甚至會將酒渣用電滲析過濾後再次售出，但是爲什麼不可以？葡萄酒也是一種飲料、一種商品，我們正在喝的超商鋁箔包飲料，難道不也是透過完整工業化程序製作的嗎？那爲什麼我們對葡萄酒要有過於天眞爛漫的想像呢？

在很久以前，我曾經跟克呂園酒莊的莊主亨利討論這件事，表達我對葡萄酒的徬徨，我從來不知道原來人工揀選酵母會決定葡萄酒的風味、不知道某些帶有木桶氣息的酒款是用小分子木屑添加來達成、不知道有些酒莊為了調整風味會加入一些秘密的東西，那麼，風土真的存在嗎？這要我如何持續堅定地走在這條路上，成為傳遞這份熱情的人？

我曾渡過一段十分徬徨的日子，在那段時間裡，我問了自己非常多問題。踏入葡萄酒產業的初衷是什麼？熱情是什麼？讓我快樂的原因是什麼？在這個抉擇的十字路口，莊主亨利這麼告訴我：「葡萄酒釀造，是一間酒莊決定如何完成作品的方式。既然有所選擇，那麼也必定有構築在謹慎釀造科學、尊重自然，以相對低人工干預方式釀造的人，這就是價值觀與原則。」

要達到一個目標，我們有很多思考跟實行的方向，同樣是把葡萄做成酒，可以選擇高度標準化，或以較低人工干預的方式與大自然共處，人生就是一連串的選擇，釀酒也是。我無意貶低任何風味，並且深信所有產品都有其存在的意義，但是每個人都有自己踏上一段旅途的初衷與信念，仔細回想這也是為什麼，我決定要以推廣自然派葡萄酒作為創業目標，因為我實在無法，不選擇朝著我的心狂奔。

第一步：挑選食材 - 採收揀選（Vendange）

葡萄採收有個關鍵，就是揀選，就像媽媽到市場買菜，如果不懂得怎麼挑菜，挑到不熟、過熟，甚至爛掉的菜，即便廚藝再高超，原料不夠好的話，煮出來的料理總會差強人意。因此想要釀好酒，原料採收揀選非常重要，這是很重要的關鍵步驟，我經常覺得一個人是否成就偉大，端看這

些細節便能窺知。一般來說，揀選分成兩部分，第一在葡萄園裡，第二在酒窖裡。

葡萄園的採收方式決定了揀選程度，雖然機器採收在速度與成本考量下都勝過人工，但人工挑選的精密程度在葡萄園裡絕對勝過機器。葡萄採收後進到酒窖，通常會經過二次揀選，像克呂園這樣的小規模酒莊，無論是葡萄園或酒窖都採用人工方式，請不要懷疑，這都是血與淚啊～我連續做了三年，面對每一株葡萄樹時，都要拿著剪子取下成串葡萄、剔除發霉的葡萄串，送到酒窖後再悉心把落葉、蝸牛、蜘蛛、羽毛挑掉。有次甚至找到整顆鳥巢，尤其釀酒葡萄是不會水洗、也不能水洗的，因為清水會讓葡萄更容易發霉，甚至稀釋風味，因此手工揀選的重要性就在此。

當然，我們不能以二分法界定說，人工採收一定好，機器採收一定不好。畢竟機器採收快速，可以在最短時間內，將成熟度剛好的葡萄迅速採收完畢，大型酒莊特別需要這樣的優質效率，有些幾百公頃的酒莊，怎可能冒著讓葡萄過熟的風險，全面以人力採收呢？現代科技進步，有些波爾多城堡酒莊資本雄厚，葡萄採收下來後會直接透過紅外線掃描，是比人工肉眼更為精密的方式嚴格揀選，從原料就分揀一軍、二軍、三軍酒，簡直是大學聯考分級啊！

第二步：入槽時間－去梗破皮（Éraflage & Égrapper）

葡萄採收下來後，為把握葡萄原料的最高品質，往往會盡快送入釀酒槽。在天氣炎熱的產區，例如南法，為避免高溫導致葡萄迅速氧化，通常會選在一大清早、氣溫尚低的狀況下進行採收，有些酒莊甚至會使用乾冰為葡萄降溫，或直接送進溫度控制的巨大冰箱裡保存，直到準備就緒。

入槽前，酒農會根據酒莊想要釀造的酒款類型，大致分成兩條路徑：

一、釀紅酒

如果釀的是紅酒，葡萄採收下來後，會先經過一台機器去梗、將葡萄皮稍微壓破，再送進酒槽或橡木桶裡。

去梗與不去梗是酒莊的選擇，有些人認為葡萄梗會帶來青草般的苦澀感，有些人則認為足夠成熟的葡萄梗，可為紅酒帶來酒體架構與清新度。傳統派的教皇新堡紅酒是一律不去梗，比如日本漫畫《神之雫》第三使徒佩高酒莊（Domaine du Pegau），就堅持使用十三個葡萄品種，成串不去梗入槽發酵，以做出厚度與架構感。但是新派教皇新堡酒莊，比如奈特酒莊（Château La Nerthe），為了做出酒質的乾淨與清晰度，就堅持全數葡萄去梗。

在克呂園酒莊裡，葡萄採收後會直接去梗，經由機器輕輕把葡萄皮壓破以釋放葡萄果汁，接著送入釀酒槽。釀紅酒不需特殊程序，尤其在秉持不添加人工揀選酵母的自然派酒莊，就是讓大自然行使它的任務：發酵。

二、釀白酒

如果要釀白酒，那麼會多一個榨汁程序，只把榨出的「葡萄汁」送入釀酒槽裡發酵。

因此，不只白葡萄可釀白酒，紅葡萄也能釀白酒。只要葡萄汁液與葡萄皮沒有長時間接觸染色，就能釀出酒色清澈的白酒，最常見範例是使用黑皮諾紅葡萄釀造的黑中白香檳。黑皮諾葡萄皮薄，榨汁時，葡萄皮顏色不會快速將葡萄汁液染紅，故黑中白香檳呈現宛如白葡萄酒的色澤。

釀造白酒的葡萄汁，入槽前會先經過澄清，讓雜質自然沉澱，僅取上層清澈的葡萄汁入槽進行酒精發酵，有的酒農對風味純淨度要求較高，自然澄清會做兩次，若能在發酵前將原料精細地做品管篩選，最後的白酒成品風味會更明確清晰。

三、釀粉紅酒

粉紅酒就是結合以上釀造紅白酒的操作流程，先讓葡萄皮與葡萄汁做適當時間的接觸，藉此讓葡萄汁染色，一旦葡萄汁染色，就讓葡萄皮與汁分離，「只取染成粉色的葡萄果汁」入槽發酵。那要怎麼知道成品的酒色會有多粉？釀酒師曾教我一個秘訣，就是把粉色葡萄汁裝進酒杯中，高高舉起讓光線透過，觀察液體表面的色帶顏色，就是最終成品的粉紅酒色。

第一年在克呂園酒莊參與採收釀酒時，我對釀酒程序的「簡單」感到訝異，釀酒師 Damien 打趣地跟我說：「我們釀酒師要做的真的不多，對嗎？大部分的工作，在葡萄園裡都已經完成了。」釀酒師的最大職責是輔佐與陪伴，幫助這些葡萄能順利完成發酵以進行適當風味萃取，就像陪伴長大的父母，給他們時間、空間適性發展，讓葡萄酒走自己的路。

第三步：葡萄酒的青春期　發酵 （Fermentation）

我愛發酵食品。以前我對所謂的「發酵」感到陌生，但自從投入葡萄酒釀造的學習後，發現我們日常生活中，有非常多食物都是發酵食品，舉凡葡萄酒、巧克力、泡菜、味噌、醬油、奶油等，都是大自然的發酵魔法，讓這些食材吃起來更豐富有層次。

  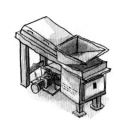

挑選成熟度佳的葡萄
關鍵是酸甜平衡，太甜或太酸的葡萄都不好。

採收
手工或機器採收。

去梗破皮
去梗與否是酒莊風格。

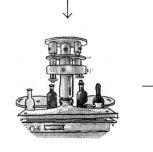  

熟成
酒莊會選擇不同的材質容器，視希望呈現的風格而定。

榨汁
紅酒完成發酵後，因為是連皮進到酒槽中發酵，故會多一個榨汁程序。

發酵
是否添加人工酵母、發酵槽及容器材質均會影響風味。

裝瓶
酒莊會選擇是否進行人工澄清、過濾以及是否適量添加二氧化硫穩定酒質。

終於完成了！

發酵的關鍵是微生物，代表這些發酵食物的風味會變化，會跟著發酵的每個階段不斷轉變，而釀酒過程中最有趣的事，就是親自品嚐從「葡萄汁」變成「葡萄酒」的過程。果汁的法文是 Le jus，但是當果汁是要發酵釀成酒時，法文就會變成 Le moût，泛指從葡萄汁變成葡萄酒的中間這個狀態 （Le moût 也是台中知名餐廳「樂沐」的原文）。

從葡萄榨汁入槽後開始發酵，每天的風味都會有變化，這是個很有趣的過程，即便看不到酵母菌，但無論是酒槽頂端不斷冒出的泡泡、側耳傾聽發酵槽內呼嚕嚕的聲響、摸到逐漸升溫的酒液，或是聞到發酵時從酒桶中滿溢出來的酒香，你會知道它在那裡，這是個五感的體驗過程，結合視覺、聽覺、觸覺、嗅覺的豐富體驗，但這些對我來說都比不上味覺，沒錯，品嚐是最棒的時刻！

發酵初期的葡萄酒生命力

葡萄酒剛開始發酵時是非常美味的，甜潤豐盈，圓嘟嘟的感覺，像初生嬰兒那樣軟綿，笑一下都能讓你心裡融化。由於糖分很高，釀酒葡萄汁喝起來跟一般果汁沒有太大不同，唯一差別就是很甜，甜到像果汁加蜂蜜，即便是「高酸度」葡萄品種，其甜度含量也是很高的。

有些法國酒莊民宿會在釀酒期間，免費提供新鮮葡萄汁當早餐，釀酒葡萄之所以甜，也應該要這麼甜，就是因爲「甜度」是轉換成「酒精濃度」的主要量比。所以當酒農採收葡萄後，立刻就能透過測糖，去推斷今年葡萄酒的酒精濃度會達到多少。

酵母菌的拉丁文本意爲：嗜糖眞菌，在通常情況下，酵母每吃掉每 17 克糖，就可產生出 1% 酒精。

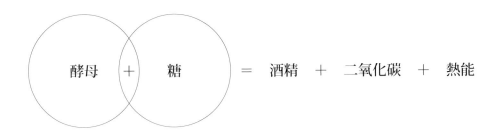

酵母 ＋ 糖 ＝ 酒精 ＋ 二氧化碳 ＋ 熱能

　　接著發酵準備開始，部分糖分被轉換成少許酒精與氣泡，這是我認爲葡萄酒最討喜的時期，微甜、微酸、微氣泡、微酒精，就像開始學步走的幼兒，蹦蹦跳跳的感覺好不可愛，讓人忍不住想搓搓嘴邊肉。有些產區會季節性販售這樣的半發酵酒，我曾在德國和奧地利品嚐過用雷司令葡萄（Riesling）釀成的半發酵白酒，有著未經過濾澄清、酒色帶點可爾必思的白霧感，當地人稱之爲羽毛白（Federweisser）。

　　在亨利的酒莊裡，我們會用當地的麝香葡萄（Muscat à Petit Grain）來做這樣的「南法羽毛白」，自帶荔枝、橙花、粉白玫瑰、蜂蜜的香甜氣息，有些微氣泡感，單喝或淋在剛做好的柑橘磅蛋糕或香草冰淇淋上，是秋日採收季最爲應景的鄉村享受。

葡萄酒的青春期

　　葡萄酒發酵時，會歷經一段「轉大人」的青春期，這個階段尚未完全脫離微甜果香的 baby face，酒體不斷成長、更多酒精產生，發酵時氣泡咕嘟咕嘟咕嘟，伴隨著持續升高的酒溫（葡萄酒發酵的副產品是酒精、二氧化碳、熱能），較高的發酵溫度有助於萃取，因此從酒槽裡汲取出來時，都還是溫溫熱熱的。

這個階段的紅酒喝起來不僅溫熱，還微甜、微苦、微澀，而且伴隨著一股明顯的酵母氣息，是種很難形容的古怪滋味，有點像泡咖啡時沒有攪開，緊縮在後頭的苦韻濃到在喉頭化不開、有苦說不出的感覺，經常讓我在試酒時皺眉，但卻是所有葡萄酒發酵過程時的必經之路。就像我們轉大人之際，也曾經歷一段尋找自我定位的時期，每每品嚐這階段的酒時，都會讓我想起青少年時期那酸甜苦澀兼具的時光。

　　青春期的酒一點都不好喝，但釀酒師還是可以從中判斷出一支酒的狀況，若發展出些微閉鎖氣息，就會「適性輔導」幫助它發展出更多香氣。幸好混沌不明的這個青春期只會維持三至四天，之後風味就會扶搖直上，每個酒槽裡的葡萄酒個性也會越來越鮮明獨立，非常神奇。

　　即便是來自同一塊土地的葡萄，在同一位釀酒師、同一種發酵槽、同一個溫度下進行發酵，用科學儀器檢視所有數值也均一致的前提下，喝起來的味道也經常不一樣。

　　看不見的是否不存在？這是釀酒過程裡，我不斷問自己的問題。因此當有越來越多酒農依循著「葡萄酒農民曆」耕作時，我也更加相信當中的道理，很多無法用科學解釋的事，必須要自己心領神會才能明白。這甚至不需要走進酒莊裡參與釀酒，即便在台灣，開的是同一瓶葡萄酒，在不同同日期開瓶，風味也經常不同，而且不限於自然酒，使用生物動力法、有機種植的酒款都能經常體驗到這樣的差距。

　　當自己走過的地方越多、體驗過的葡萄酒越多，就越迷惘，越覺得自己什麼都不懂，因為在這個世界上能學的事真的太多了。

第四步：小小消防員遊戲 - 踩皮與淋皮（Pigeage & Remontage）

　　白酒跟粉紅酒的釀造過程通常不會進行長時間的浸皮發酵，所以葡萄皮跟籽不會進到酒槽裡，發酵完成後，白酒跟粉紅酒就準備裝瓶。有時為了增加葡萄酒的豐富度，會藉由時間不同的桶內陳釀、攪桶來增加厚度，端看釀酒師想做的風格是什麼。有的自然派釀酒師會選擇不澄清、不過濾，不添加二氧化硫，釀酒過程裡的每一個步驟與階段，都會影響葡萄酒最後品嚐起來的風味，不過，紅酒就再複雜了一點點。

　　紅酒釀造像泡茶，因為葡萄皮、葡萄籽（有時甚至包含葡萄梗）都要一起進到酒槽發酵，當浸泡萃取時間越長，酒色就越深、風味也更濃郁，就好比茶葉浸泡時間越長的茶湯，茶色往往更深更濃。但實際上萃取高或低，仍看釀酒師的風格選擇而定，若希望做出果味濃但品飲感受清爽的紅酒，就會將成熟度高的葡萄，以輕柔萃取的方式溫控進行，隨著品飲經驗增加，就越來越能透過風味判斷釀酒師想採取的「策略」是什麼。

　　釀酒師萃取風味的過程中會進行踩皮（Pigeage）或淋皮（Remontage）。剛開始學習葡萄酒時，我在課本上唸到這段文字幾乎是霧煞煞，翻了很多示意圖後才發現，其實道理非常簡單，想增加風味萃取，就像泡茶時拿支小茶匙，在茶壺裡面攪拌茶葉或是壓一壓，讓茶的味道更出來，釀紅酒也是一樣的做法，只是液體容積從 100 毫升，變成 1 公噸，所以需要一把巨大的小茶匙。

　　簡單來說，踩皮（Pigeage）是用棒子把葡萄皮渣往下壓，釀酒師要爬到酒槽上方，打開金屬蓋，拿一根長約 1.5 公尺帶爪的大鋼棍，像搗麻糬那樣，不斷往下戳打葡萄皮渣，讓卡在酒槽頂端變得很硬、像發糕一般的

「酒帽」重新跟酒液接觸，以增加萃取。只是，那根大鋼棍超級無敵重，我每次都覺得是重訓，做完踩皮隔天的手臂經常會痛到舉不起來；再者是發酵期間的釀酒槽內會產生二氧化碳，打開酒槽金屬蓋時，二氧化碳會一下子噴出來，就像顆小炸彈。

淋皮（Remontage）則是用馬達抽出來把酒槽底端的酒液，讓酒液跟空氣做些許接觸後，再從酒槽上方淋下去，淋皮會促進酒槽裡的空氣循環，也可減少厭氧風味的產生。這是個滿好玩的過程，有點像小小消防員體驗遊戲，同樣要爬到酒槽上頭，打開金屬蓋淋灑紅酒，為了讓「酒注」更有力道，以沖破酒帽增加萃取循環，手指要壓在管子前頭，讓紅酒變成強力噴射注。有時會不小心噴得自己滿身滿臉都是紅酒（然後我就會被釀酒師碎唸，說沒清乾淨的話，隔天酒窖會有醋味），長時間與紅酒接觸的手指指甲縫與手指紋都會被染色，而且非常難清洗。因此想看釀酒師有沒有認真工作，觀察他的指縫就知道了，被紅酒染色的指紋印是釀酒師確認彼此身分的正字標記。

一般來說希拉葡萄在釀造過程中，特別容易產生厭氧狀態（Reduction）的臭雞蛋味，故釀造時需要較為充足的氧氣。相對而言，格納希葡萄則是容易氧化的品種，在釀酒操作上就傾向踩皮的柔性做法，釀酒師會根據酒槽內的葡萄酒發展狀況，來決定相對應的措施，也就是說，在釀酒期間裡，我們都要跟著釀酒師針對每一個酒槽開出來的「食譜」來操作。

這時候，問題來了！釀造紅酒時，會連皮帶籽一起進到酒槽裡，當發酵完成後，要怎麼取出葡萄皮呢？這就是需要體力的時刻了！

第五步：挖礦 – 把酒槽清空（Décuvage）

當我們泡茶時，一旦覺得風味足夠，就會將茶湯全部倒出、停止萃取，讓風味維持在最佳狀態，釀紅酒也一樣。當葡萄酒的風味達到釀酒師想要的平衡程度時，就要將酒液與酒渣分離。把茶葉從茶壺中取出很簡單，但要怎麼樣才能把數公噸的葡萄皮渣，從酒槽中分離出來呢？這就是 Décuvage，先把酒液取出，然後進到酒槽裡，把酒渣鏟出來！

葡萄酒完成後，釀酒師會先用馬達取出酒液，第一部分的酒液稱為自流汁（free run juice，法文：jus de goutte），單獨保存在釀酒槽裡。接著用人工方式鏟出酒渣，由於葡萄皮渣內也含酒液，鏟出後會送到榨汁機裡壓榨，第二階段的酒稱為壓榨汁（pressed juice，法文：jus de presse）。

若釀酒過程的萃取程度高，則自流汁色澤和果味較濃郁，壓榨汁色澤與風味較寡淡。相反地，若釀酒過程的萃取程度低，自流汁色澤就比較淡，而壓榨汁則較為深沉濃郁。但基本上，無論萃取程度高低，自流汁的質地都是最細緻的。

　　釀酒師會根據需求，進行不同比例的混調來創造層次，因此以釀酒技法來說，調配（assemblage）並不一定是指品種，有時是自流汁與壓榨汁，有時是不同釀酒容器材質，有時甚至是不同地塊、不同年份的混釀調配。

　　有些追求產量的酒莊，會將酒槽裡最後的殘餘酒泥蒐集起來，採用人工高度過濾方式析出第三批風味更薄、但同樣有酒精含量的產出，藉混釀調配出售給其他工廠，做出更多價格低廉的酒品。有的則是直接蒸餾成生命之水（Eau de vie），做成渣釀白蘭地。

　　我參與採收釀酒的第一年，曾初生之犢不畏虎地參加了 Décuvage，也就是整個人進到酒槽裡鏟出酒渣的活動，聽起來很好玩，但實在是太艱鉅的任務了。因為釀酒槽約有 2.5 公尺高，進到酒槽前，必須先把梯子放下去，整個人慢慢地順著梯子踩下去，在酒渣環繞的酒槽裡是個很奇妙的體驗，除了充滿酒香，酒槽壁上還附有許多閃閃發亮、如夜空星星的「酒石酸」，乍看像進到紅酒宇宙，一手抓起葡萄皮渣，感受那扎實溫暖的觸感，酒液隨之從指縫中滲出，有想立刻送進口中。

我花了兩小時左右，把數公噸的葡萄渣從小小的釀酒槽洞口鏟出去，一鏟一鏟地挖，臉上手上都沾滿了紅酒漬。一開始很有趣，但鏟子加上酒渣的重量，開始讓我感到疲憊，手臂力氣不足，只好用腰部力量支撐，勉強完成整個酒槽的 Décuvage 後，就不小心傷到了腰背，隔天背痛到無法挺身，整整駝了一整個星期。

葡萄酒釀造是個充滿探險與挑戰的過程，但不見得每次都能順利把葡萄汁培養成好喝的酒。寫這段書稿時，隔壁酒莊發生了小插曲，因釀酒工人操作失誤沒把酒槽固定好，導致剛除渣完成的整缸紅酒傾斜。直到隔天早晨有人經過酒窖，看見鐵門下流出大量紅酒，這才發現酒槽倒塌。幸好沒有人受傷，但這個意外仍讓所有人都紅了眼眶，大家齊心協力完成的新酒就這樣付之一炬…只能說我們品嚐到的葡萄酒都相當珍貴，實在得來不易啊。

完成酒精發酵後，通常會再經過乳酸發酵（Fermentation Malolactique），這是個微生物自然啟動的過程，釀酒師會透過實驗檢測來判斷乳酸發酵是否啟動。乳酸菌會將葡萄酒中口感較為銳利的蘋果酸，轉化為風味柔和的乳酸。一般來說，紅酒會經過完整的乳酸發酵，不僅能降低尖銳酸感，也讓單寧質地變得圓潤；而白酒有時會透過降溫，過濾或添加二氧化硫的方式來遏止乳酸發酵進行，以維持清脆的酸度。

釀造完成後，酒莊會送小樣品至實驗室檢驗，再選擇是否陳釀調配過濾裝瓶，有些酒莊會選擇讓裝瓶後的新酒在酒窖中再陳年一段時間，待風味更穩定後才釋出。

你喝到的酒，每個味道都蘊含了一組風味密碼

我們吃的任何食物，其風味都蘊含了它想告訴你的訊息，比如說一杯高山烏龍茶，從茶葉品種、茶樹生長環境、茶葉採摘時間、萎凋製作過程，乃至茶葉儲存環境、使用水質、水溫、沖煮方式、器具使用等，都會影響喝茶感受。

葡萄酒也很類似，包括葡萄酒的顏色、香氣、入口質地，是來自葡萄樹的種植、葡萄酒的釀造過程、陳釀時間，甚至餐桌侍酒的酒溫、酒杯、醒酒、搭配的食物等因素，疊加累積而成的綜合因子展現，只要其中一個因素有些微改變，葡萄酒的風味就會跟著改變。所以當我們喝葡萄酒時，不管喜不喜歡它，都要先明白：當中的風味構成自有其道理。

釀造過程中，發酵的酵母來源、溫度、時間、容器形狀材質、調配方式等都會影響風味。一般來說，葡萄酒釀造容器大致分為四種：

1. 不透氧的不鏽鋼槽。
2. 不透氧的水泥槽。
3. 透氧的大小橡木桶（視橡木桶新舊程度，會影響木質氣息進入酒液中的多寡）。
4. 透氧的陶甕（中性材質）。

氧氣會柔化葡萄酒的風味，適度透氧不只可以穩定酒質，更能發展出複雜兼具層次的香氣，但熟成的同時難免損失掉一些新鮮果香。以橡木桶來說，新橡木桶會為葡萄酒帶來更多的木質氣息，而舊橡木桶或陶罐則屬於較為中性的容器材質，若酒農希望留住更多新鮮花果香的氣息，就會選

用不透氧的不鏽鋼酒槽來做發酵與陳釀。當葡萄酒發酵完成後，在裝瓶前會經過一段時間的熟成（薄酒萊新酒除外），「陳釀」有助於風味發展與增加複雜度，反之則較利於保留新鮮果香與清爽度。

讀到這裡，相信你對葡萄酒釀造的基礎過程已有初步了解，釀酒過程的每個環節都對最後產出結果有一定程度的影響，先理解這件事，就能藉由酒液色澤、香氣、入口質地，推斷出可能對此產生影響的因素。比如一杯紅酒的果香濃郁、深沉、集中，且顯示飽和的紅寶石色，你便能按照這個事實推論它的原產地可能較炎熱、葡萄皮厚，且是萃取時間較長的年輕紅酒。專業品酒師或侍酒師之所以能對一款酒做出嚴謹細緻的推論，跟他對於產區、釀造過程的了解與侍酒經驗皆有很緊密的關聯。

其實透過練習，你也可以慢慢地學習做到這件事，今天晚上不如就開瓶你想喝的葡萄酒，並根據這個章節分享的釀酒細節，來試著說說看這支酒是怎麼誕生的吧！

甜酒 & 氣泡酒的釀造

接下來，談談甜酒 & 氣泡酒。在這個章節的開頭，先說明過酒精發酵的公式，也就是酵母把葡萄汁當中的糖吃掉，轉換成酒精、二氧化碳及熱能，而釀造甜酒與氣泡酒就是運用這個原理，把「想要留下的」保存在酒中，因此：

> 想釀甜酒，就要避免酵母把葡萄汁裡的糖分吃光。
> 想釀氣泡酒，就要把發酵時自然產生的二氧化碳留在瓶裡。

甜酒

想釀甜酒，得避免酵母把葡萄汁裡的糖吃光，此時就要想辦法「阻斷發酵」，主要有兩種做法：：

1. **添加高濃度酒精：**透過添加高濃度酒精來殺死酵母，就是俗稱的加烈酒（法文：Vin muté, Vin fortifié），若一款葡萄酒的酒精濃度高達 16%，那麼就有極高的機會是加烈酒。經典的法國加烈甜酒有：班努斯（Banyuls）、隆河麝香加烈甜酒（Muscat de Beaumes-de-Venise）、香檳加烈甜酒（Ratafia）、皮諾甜酒（Pineau des Charentes）、蘋果加烈甜酒（Pommeau）。

2. **低溫過濾／添加二氧化硫：**透過降溫，能暫時中止酵母活性，再透過人工過濾的方式將酵母析出，或直接添加二氧化硫將酵母殺死。採用這種方式釀造的甜酒，酒精濃度大多較低，因為是在酒精發酵未完成狀態下直接終止發酵。要判斷一款酒是否為甜酒時，也可透過酒精濃度來看，通常 5 ～ 7% 的葡萄酒多為甜酒。

除了採收甜度一般的葡萄，以添加高濃度酒精或終止發酵的方式來釀造外，也有另外四種以「採收高濃縮糖分葡萄」來釀造甜酒的做法：

1. **晚採收（Late Harvest，法文：Vendange Tardive）**
   顧名思義是刻意延遲採收成熟的葡萄，為讓甜度累積更高，再來釀酒，晚採收甜酒大多會有濃郁的新鮮水果甜香與蜂蜜氣息。

2. **貴腐酒（貴腐菌，法文：Botrytis Cinerea / Pourriture Noble）**
   採收被貴腐菌附著的葡萄再釀成酒，由於貴腐菌絲會穿透葡萄表

皮、造成非常多小孔，讓葡萄裡的水分蒸發，進而濃縮果粒中的糖
分與酸度，故頂級貴腐甜酒往往有極高的甜酸集中度，且帶有相當
複雜的層次風味。

3. **風乾酒 （又稱麥稈酒，法文：Vin de Paille）**

   風乾酒的歷史源自古希臘時期的薩索斯島，做法是採收健康無損
   壞的葡萄，置放於陰涼處風乾成葡萄乾再釀成，由於水分蒸發讓
   酸度、甜度及風味濃縮，並經常放在麥稈上陰涼，故在法國稱為
   「麥稈酒」。最知名的法國麥稈酒來自侏羅產區（Vin de paille du
   Jura）。

4. **冰酒 （Icewine，德文：Eiswein）**

   採摘冰凍後的葡萄釀製而成，由於葡萄裡的水分已結成冰而脫去水
   分，使得葡萄中的糖分酸度和風味都被極度濃縮，冰酒有別於前面
   幾種甜酒類型，風味相當透亮純淨。因氣候暖化，歐洲冰酒相對罕
   見，法國沒有生產葡萄冰酒，最知名的歐洲葡萄冰酒產區為德國。

氣泡酒

如果想把酒精發酵過程中的二氧化碳保留下來，釀成氣泡酒，主要有
三種做法：

1. **傳統法——瓶中二次發酵 （Méthode Champenoise）**

   第一階段在釀酒槽進行酒精發酵，取得基酒後裝瓶，適量添加糖與
   酵母，啟動二次瓶中發酵留住氣泡。以此種釀造方式完成的氣泡
   酒，在法國香檳區被稱為香檳（Champagne），若在香檳以外的法
   國地區則稱為 Crémant。

2. **祖傳法——瓶中一次發酵 （Méthode Ancestrale）**

    第一階段在釀酒槽裡進行酒精發酵，是酒精發酵尚未完成、仍有自然殘糖的狀況下裝瓶，讓酵母與殘糖在瓶中酒精發酵以留住氣泡。使用此種釀造方式完成的氣泡酒，又稱爲自然氣泡酒（Pét-Nat）。

3. **夏瑪槽法（Charmat Method / Tank Method）**

    第一階段在釀酒槽進行酒精發酵，取得基酒後適量添加糖與酵母，在不鏽鋼槽中完成二次發酵，由於二次發酵是在大槽中進行，故又稱爲「大槽法」。以此種方式做的氣泡酒，因釀造時間短，果香較簡單奔放。採夏瑪槽法釀造的知名氣泡酒爲：義大利 Prosecco。

對我來說，什麼是好酒？

　　很多人問我對於好酒的定義是什麼，又如何判斷？其實就像看一幅畫作，可以從不同角度觀看與詮釋。若從品評觀點來看，一支好酒外觀需是澄清無雜色、香氣乾淨且無缺陷型氣息、入口風味平衡、複雜度高、餘韻長，如此一來便符合被列為通識型好酒的原則。傳統在做葡萄酒風味品評時，會用以上觀點作為判斷標準，將抽象風味以表格方式量化，藉此系統品評一支酒。一開始接受葡萄酒教育時，學校老師說不管品評什麼樣的酒，都必須下意識地做系統性檢核，我認為可以了解該品評專業是很好入門的方式，雖然我現在除了工作以外，已經很少或幾乎不這麼做了。

看似完美的，卻不一定最適合自己

因為對我來說，找支好酒就像在找個好情人，喝葡萄酒的絕大多數原因是為了滿足自我，不管是想搭餐、想體驗美味、想抒發情緒、想跟朋友分享，一支好的葡萄酒必須能和「人」產生共鳴與連結，以符合開瓶當下的需求。

尋覓另一半時列出條件找到的完美對象，往往不一定是最適合自己的。所以我自己在平常選酒時，經常會有種：「哇，這的確是支很棒的葡萄酒呢！但在真實生活中會讓我心動的，卻可能不是這款。」

沒有一個人是完美的，所以挑選葡萄酒時，我特別喜歡能喚起「情緒」的酒。雖然我不是戀愛專家，但挑選酒跟食物時，我算是很了解自己的需求，就像音樂、藝術、時尚，可以用通識型方式評論分析優劣，卻無法量化個人特色與偏好在裡頭的佔比與價值。。

我有個居住在南法的釀酒師朋友——柯比酒莊的莊主 Brunnhilde Claux，她說：「一個太過完美的男人或女人往往有些無趣而缺少生命力，但太過狂野與奔放也未必是我們想要的，所以理想就是在兩個極端值中，找到適合自己的定位點，這就是屬於自己的個人品味。」就像我認為沒有完美的餐酒搭配，也沒有完美的婚姻關係，與其追求幾乎不存在的無瑕契合度，倒不如思考在這個搭配裡面，想要傳達的訊息或能迸發火花的關鍵點是什麼？

一個人的個性、生活型態、背景與他喜歡的葡萄酒風格有關，但我認為最好的狀態是，對各式風格都能抱持開放的欣賞態度，然後清楚知道適合與不適合自己的原因。對我而言，能與之對話、喚起共鳴的酒就是好酒。

對你來說，什麼是好酒呢？

前文所述的好酒定義，或許對於初入門葡萄酒的人來說太抽象或太天真爛漫，但我仍然認為好與不好的定義，不應該由第三方來決定。

蔡康永在《蔡康永的情商課：為你自己活一次》這本書裡如此說道：「有幸得到別人的稱讚，禮貌地謝謝就好，但最好不要當真。如果別人一稱讚我們就當真，那之後別人的詆毀，我們也會當真。然後，我會漸漸活在別人的評價裡，難以脫身。」

品嚐葡萄酒或美食是很個人的事，究竟喝酒喝的是符合大眾期待評價的好酒，還是你認為適合自己的好酒？尤其當一個人拿掉了頭銜、當一支酒撕去了酒標，你仍然會喜歡這個人、喜歡這支酒嗎？

我希望表達的是：「不要因為第三方的讚賞與否，就改變你的選擇或偏好。」一個人喜歡的東西會隨著生命進程改變，忠實面對當下你的感受與需要，讓吃食回歸純粹，如果我們在日常生活中很難褪去束縛，不如在自家餐桌上為自己活一次吧。

Célia
Wine
Travel

Chapter 3

現代化復古——自然酒

在法國，有越來越多酒農提倡現代化復古的「自然酒」，它是一種回歸風味本質的釀造理念，並非風味標籤。自然酒具有極其豐富的生命力和獨特性格，除了能忠實展現出風土特色之外，還反映了酒農如何用心種植葡萄，以及釀酒的過程，Célia 將分享關於自然酒的一切，以及品飲 QA 解惑。

返璞歸真的自然酒

　　愛上葡萄酒之後，每週末最大的快樂就是拜訪酒莊試酒。在歐洲有非常多葡萄酒莊，光在法國就有十三個葡萄酒產區！我是個熱愛旅行的人，雖然喜歡藉由書中文字旅行世界，但當你望出窗外，會發現最大的百科全書就在外頭，我無法停止旅行，正是因為無法停止探索這個世界的樂趣。

　　帶你拜訪法國所有產區之前，我想先與你分享我為什麼會喜歡「自然酒」？我怎麼享受自然酒？法國葡萄酒農怎麼看自然酒？還有更多，關於葡萄酒、美食與人的故事。

我為什麼喜歡自然酒？

　　當我喝得越多，就越發現，我沒辦法給自然酒一個簡單的定義，就像無法用一句話說明什麼是宇宙，因為宇宙裡有太多我們不懂的事情了。

　　酒農在釀造這種葡萄酒的時候，秉持著對自然環境友善、尊重風土、盡可能無人工添加的原則，把這種酒稱為「自然酒」。我喜歡喝完自然派葡萄酒之後，身體感受到的通透感，也喜歡自然酒釀造者想賦予它的理念。但我認為自然酒最美的地方是它「不完美」，而這種不完美的美，自帶一種無法被量化的溫度，是讓我覺得自然酒足夠人性的原因。

　　自然酒是返璞歸真的運動，的確，這是一種在工業革命後，葡萄酒成為規格化大量生產後的反思，既然科技進步，那麼我們為何要走回頭路？

但事實是在二十一世紀的現在，我們品嚐到的自然酒，並不全然是倒退回頭，而是**現代化的復古（Modern Vintage）**。

當代自然酒的風味，跟五十年前以古法釀造的葡萄酒肯定不會完全相同，人們對葡萄種植與釀造知識越來越熟稔，風格詮釋自然會跟著汰變，就像我們的審美觀會不斷更迭，現代的復古穿搭跟五十年前的穿搭，即便版型相似，也不會完全一樣，這就是為什麼乾淨、細緻、層次，甚至是富有陳年潛力的自然酒逐漸普及的原因。

自然酒是一種釀造理念，不是一種風味標籤，就像傳統葡萄酒，釀得好與壞的肯定都有，我完全不認同將風味劣化當作是一種：「因為是自然酒，所以理當要能接受負面風味」的說法。喝酒終究要回到愉悅的本質，若一支酒無法為你帶來快樂，那為什麼要喝它呢？不管用任何方式或理念釀造的葡萄酒，肯定都有適合與不適合你的風味。其實葡萄酒是人類高度干預的飲品，不管是否為自然酒，葡萄是人類高度馴化的作物，野生葡萄無法產出足夠質量的葡萄供釀酒，再者，釀造過程若完全無人監管，葡萄放在桶內也不可能自然變成酒，所以「真正的自然酒」其實不存在。

自然酒的原文是 Natural Wine，但我其實更喜歡 Raw Wine（裸酒）的概念，現今世界上討論的自然酒或裸酒，是建構在「回歸風味本質」的探討。在葡萄酒風格的詮釋上，盡可能以原料來源的風味展現、在釀造過程中秉持無人工添加的最低限度，其中必然有好喝與不好喝的自然酒，就像有好喝與不好喝的非自然酒一樣。想想看，若你接觸的第一杯葡萄酒是自然酒，會不會反倒覺得傳統派葡萄酒不好喝呢？

我推廣自然酒的另一個原因，是因為我不推崇品飲公式化的填鴨式教

育，喝酒應當是非常個人的事，每個人的生活經驗不同，對於品嚐到的風味自然有不同感受。

剛踏入葡萄酒界的前期，我曾在風味探索與辨識上遇到很大挫折，因為透過課本知識感受風味，幾乎是用腦袋思考的理性判斷，而非回歸感官的體驗與探索。普遍認為特定產區的葡萄酒或品種必須要有特定味道，但是世界上的資訊彼此流通，審美單一化發展也越來越快速了。

自然酒的興起，鼓勵更多體制外的思考，越來越多人提倡風味本質，喝葡萄酒不限菁英階級，也並非用特定語言來構築葡萄酒的世界，破框思考讓越來越多新一代酒農踏出傳統，釀造更忠於自我理念的葡萄酒，若能做出真正符合內心所向的葡萄酒風味，為什麼不勇於說出自己心中的話？**不受框架規範的葡萄酒風味，不代表它不懂這個世界的運作脈絡。**

我曾訪問一位米其林三星的侍酒師，他隱退後在鄉野間買了片葡萄園開始釀造自然酒，釀出的酒極具性格而且狂野。進到他的酒窖，會看見牆上貼滿令人咋舌的世界名酒酒標，我們在飄著毛毛細雨的門前道別，他說了一句話，至今讓我印象深刻：「若想跳框，必先知其框架。」

自然酒的理念不見得讓所有人認同，但我認為世界不是非黑即白的二元論，所有的葡萄酒都有其存在價值，在回歸踏入葡萄酒產業的初衷上，我想推廣在種植與釀造上有理念的小農，尋找靈魂貼近的人們，並讓更多不為人知的小酒莊有機會被看見。也希望透過這個自然酒運動，分享人生不是只有一種可能，就如品酒不是只有一套公式，不需求自己去符合既定框架中的完美，在這個偌大的世界裡，有許多人正在用自己的方式，活出他心目中「最完美的不完美模樣」。

什麼是自然酒？

　　自然酒目前在國際上尚無明確的法規規範，雖然在法國有個自然酒認證（Vin Méthode Nature），但推動廣泛度相當有限，實際使用的酒莊少之又少，故人們對自然酒的了解仍相對模糊。許多人認為是商業噱頭，在提倡自然釀造的前提下使用無噴灑農藥的葡萄釀造，但事實上卻用了噴灑農藥的葡萄，要在完全無添加人工揀選酵母的前提下，順利完成自然發酵是相對困難的。

Vin méthode nature 的標章。

圖片來源：
https://vinmethodenature.org/

　　所以，自然酒到底是什麼？跟有機、生物動力法又有什麼區別與關聯？我會跟大家分享一些故事，用盡可能簡單的方式讓大家了解，之後上酒窖買酒，也會更清楚知道自己喝的是什麼！

有機葡萄酒的界定

　　有機葡萄酒（法文：Vin Biologique）是指在葡萄園種植與酒窖釀造中，遵循有機農業規範所生產的葡萄酒。這個概念源自 90 年代，當時討論範疇僅在「葡萄園」，強調必須使用有機種植的葡萄來釀造葡萄酒，直到 2012 年，有機葡萄酒的認證才擴大列管到釀造範圍。

簡單來說，不管是在葡萄園或酒窖裡，只要是想生產貼有歐盟有機標章的葡萄酒，就必須嚴格遵守歐盟有機認證的相關規定，爲保護消費者權益。所謂的有機葡萄酒認證，包含葡萄園必須採歐盟有機種植規範，釀造過程不得使用脫醇、電滲析、高溫發酵等措施，且二氧化硫添加容許量必須低於每公升 100～150 毫克（一般葡萄的二氧化硫每公升爲 150～200 毫克之間）。

選購葡萄酒時，可以辨認酒標上的有機綠色葉子圖樣（法文：BIO）有助於消費者選擇適合自己的酒款，當然並不是有機葡萄酒就一定比較好喝，有機認證僅代表這瓶葡萄酒在生產的過程中，有受到相對嚴謹的規範不足以代表釀造過程完全無添加。

生物動力法葡萄酒

生物動力法葡萄酒（法文：Vin Biodynamique），簡單來說是根據生物動力實踐原則所生產的葡萄酒，接近有機農業，但加入更多「非科學理念」，比如生物「能量」或月球引力等。

多年前，我曾拜訪一位致力於生物動力法的先驅酒農，灰塔古堡的莊主菲利浦（Philippe Gourdon），他一見到我就感嘆地說：「妳是台灣人，肯定很能理解萬物有其靈性。因爲在法國，我們都太科學實證了。」

菲利浦認爲現代人普遍受所見屏蔽，以爲看得見的才是眞實，然而有很多眞實的存在卻是我們肉眼看不見的。90 年代時，他就已經在羅亞爾河產區實行生物動力法種植，即便在現今都顯前衛的釀酒理念，菲利浦卻已堅守了幾十年。爲了讓我理解其論述，他這麼問我：「兩位生了同種病

布根地生物動力法先驅酒莊 Clos des Vignes du Maynes，圖中的陶甕是專門使用來「活化水源」，以施灑方式進行在葡萄園裡的生物動力施作。

的病人，接受同位醫師的治療，一位能接受親友探訪，但另一位不能，請問誰會好得比較快？」

　　自然是那位有親友陪伴的病人康復得快，難道令他康復的關鍵是親友送的花或水果嗎？當然不是，那麼讓他變好的原因是什麼呢？我們看不見是否就代表不存在？菲利浦認為，生物動力法與有機農業種植的差別非常微妙（他特別使用了 Subtile 這個法文字），兩者都遵循盡可能減少化學干預的耕種方式，唯獨有機農業是可測量、實體化的，人們操作於看得見的物質，生物動力法則更著重於看不見的事物。

　　菲利浦說，他將葡萄樹當作一個完整的生命來呵護。有如照顧一個寶寶，遵循星球運轉時序與日夜輪轉，適時且溫柔地將葡萄樹喚醒，在它該用餐時餵食、該休息時入睡，他說葡萄園的每一個施作，都應盡可能地從植物的角度來設想。葡萄枝蔓有如雙手，末端神經敏感，過度剪枝對葡萄樹是侵略行為，因此他總盡可能保留相當長的葡萄枝，只在適當時間剪除少量，讓葡萄樹保持輕鬆愉快的心情，是他釀好酒的秘訣。這次會面聊了兩個多小時，對菲利浦的第一印象有些嚴肅，與其說他是酒農，倒不如說他是一位深刻探究本質的哲學家。

　　菲利浦問我想不想喝些什麼？我說，依您目前已開瓶的酒，有什麼就喝什麼吧。他便拿出灰塔古堡的貴腐甜酒（Château Tour Grise, Coteaux de Saumur 2005），金黃琥珀般酒色宛如倒映在湖上的夕陽餘暉，誘人蜜餞與蜂蜜氣息，在舌尖上輕巧地彷復失去地心引力，尾韻帶著一絲回甘的茶香，在初春向晚能嚐到如此清甜的貴腐酒，真是幸福不已。我問菲利浦是怎麼釀出如此好喝的酒？他想了一下，笑說：「這就是生物動力法的奧秘啊！」

我相信足以釀造動人葡萄酒的酒農，都是雙腳踩在土壤裡的真正農民，堅守著信仰，用那長滿厚繭的手，釀出最細緻優雅的佳釀。但灰塔古堡感動人心的地方，不只是他那充滿靈魂的酒，而是莊主 Philippe Gourdon 對理想的堅持，守護他認為對的事物，年復一年，日復一日，讓所有的微小終成偉大。

　　初次拜訪灰塔古堡是在 2016 年 11 月，我去酒莊買了些酒，品嚐後覺得很有意思想再回購，卻意外發現官網閉站，莊主菲利浦退休了，因為無人後繼而將葡萄園讓租給其他酒農，灰塔古堡將不再生產。基於熱愛，我打電話到酒莊詢問拜訪，才有了此次 2017 年 3 月的談話。隔年，我在 2018 年的里昂自然酒展上，嚐到了租賃 Philippe 葡萄園的新一代酒農，在他的指導下，雖然酒款表現青澀，但是看到新的傳承仍令我非常感動。

Le vin de monsieur Gourdon n'est jamais seulement un bon vin, mais un vin avec une part de subtile. Cette part de subtile accompagné de la philosophie biodynamique est ce qui m'a beaucoup touchée lors de ma visite au Château de la Tour Grise.

Célia, le 04 Mars 2017 à Angers .

阿爾薩斯實行生物動力法的雙翼酒莊 Amélie & Charles Sparr 葡萄園，刻意不剪去葡萄藤蔓的末梢，來促進葡萄樹的生長活力。

果日、花日、根日、葉日

生物動力法概念始於 1920 年，已超過百年歷史，最初由奧地利哲學家魯道夫・斯坦納（Rudolph Steiner）提出，因工業革命讓高度機械發展在農業中佔據主導地位，大量合成肥料和農藥的開發和使用，讓農民很快地注意到土壤、植物的健康與活力深受影響。於是魯道夫提出將農場視爲一個有機體，透過生物多樣性達到全面的土壤、植物、動物和人類健康循環，強調宇宙和地球影響相互作用的重要性。

1940 年代，德國自然動力法農者瑪莉雅（Maria Thun）進一步完善了生物動力法理念，認爲農作物生長與月亮運行息息相關，並根據星體運行週期，歸納出了自然動力法日曆，有點類似我們熟知的農民曆，來訂定各種農事活動適合進行的時間。

我一開始不太相信這個曆法，但卻慢慢地發現即便是同一瓶葡萄酒，在不同日子開瓶的風味表現竟會不太一樣，自然酒的差異尤其明顯，於是下載了可以隨時查看自然動力法日曆的 App ——「When Wine」，不得不說準確性偏高，通常在花日或果日開瓶的酒，香氣與果味表現都特別好，而在葉日和土日開瓶的酒，則較有內斂與沉靜感。

月亮影響不只是潮汐，還有地球上所有與生命相關的事物（水是所有生物體的重要組成，人體有 70% 是水分），葡萄酒裡有 80% 以上是水分，自然也會受到月球盈缺節奏影響。從占星學來看，我們知道每個星座都與一種元素相關：土、風、水、火，每隔幾天，月亮就會經過黃道十二宮中的不同星座，因此瑪莉雅在生物動力農業中，提出將十二星座與其元素對應於四種類型的日子：

土象星座：金牛座、處女座、摩羯座：根日
風象星座：雙子座、天秤座、水瓶座：花日
水象星座：巨蟹座、天蠍座、雙魚座：葉日
火象星座：牡羊座、獅子座、射手座：果日

根深深長在土地中，花需要風來散播香氣，葉儲存水分，果實則需要太陽與熱能才能成熟。月亮在特定日期和特定時間經過星座，決定了這天是根日、花日、葉日還是果日，生物動力法農民便藉這個曆法，來進行相對應合適的農作時機，比如「根日」適合犁土、「果日」適合採收、「葉日」適合灌溉、「花日」適合任其生長。

生物動力法雖稍顯迷信，但世界上最頂尖的酒莊，包含布根地 Domaine Romanée-Conti、Domaine Leroy，波爾多 Château Pontet Canet、Château Palmar，羅亞爾河 Nicolas Joly，德國 Dr. Bürklin-Wolf 等，都長年實踐生物動力法來種植葡萄園。其實，生物動力法認證比有機農法更為嚴謹，不僅根據月亮運行農作，還必須將堆肥填入牛角埋入土壤，在特定時日挖出，以活化水源施灑在葡萄園裡，這個活化水源的方式也相當講究，必須用特定材質與形狀的陶甕進行。

至於為何要把堆肥填入牛角，有這麼一說是人類歷史中，維京人相信用牛角喝水可以增強生命力，傳統中醫會將犀牛角入藥，雖然還沒有科學

左圖為 Biodyvin 認證標章，
右圖則是生物動力法 Demeter。

圖片來源：
www.biodyvin.com、www.demeter.fr

數據證實牛角與生命動能的相關性，但是實施生物動力法的葡萄園，的確表現了更強的抗病與活性，建議大家可以找瓶採用生物動力法種植理念施作的葡萄酒來品嚐，如今生物動力法也已經有法規標章能輕鬆辨識。

自然酒著重的釀造理念

自然酒（法文：Vin nature），簡單來說，**是盡可能減少人工干預的葡萄酒。**前文介紹的有機與生物動力法，大多在探討葡萄的種植，而自然酒則更多地實行在釀造理念上。真正的自然酒，必須使用有機或生物動力法種植的葡萄，才符合普遍自然派酒農定義的「自然酒」。

自然酒起源二十世紀中期的法國薄酒萊產區，由自然酒教父 Marcel Lapierre 推動，集結其他薄酒萊自然派酒農 Jean Foillard、Charly Thevenet、Guy Breton 等試圖回歸農藥與合成化學品入侵前，其祖父母輩的釀酒方式，他們深受 Jules Chauvet 和 Jacques Neauport 影響，致力用更少的人工添加來釀造葡萄酒，從薄酒萊的莫貢村莊（Morgon）出發，很快地就吸引了世界各地的新派釀酒師響應。

讀到這裡，你可能會疑惑，葡萄酒在釀造過程中怎麼會有化學添加物呢？前面章節有稍微提及，葡萄酒在工業革命後進行規格化生產，為讓葡萄酒風味更穩定、更符合市場期待，會適量添加以確保產品的表現力。

當中最常討論的是硫化物添加，硫化物可以更精確地掌握葡萄酒的酸鹼值、減少微生物生長，對於釀造過程還有裝瓶後的葡萄酒穩定性都有所幫助，但添加過多硫化物會讓葡萄酒風味死板，也可能讓一部分人產生頭痛等過敏反應，因此極少或不添加硫化物，通常是自然派釀酒師最主要的

訴求。**在法國有許多秉持自然派釀造的酒莊，釀造過程完全無硫添加，僅在裝瓶前極少量添加以穩定酒質。**（每公升必須低於 30 毫克，相較於一般葡萄酒的添加量有將近七倍的差異）。

法國葡萄酒的二氧化硫最高允許使用劑量

	一般葡萄酒 （Vin Conventionnel）	有機葡萄酒 （Vin Bio）	生物動力法葡萄酒 （Vin Biodynamique）	自然葡萄酒 （Vin naturel）
紅酒	150 毫克／每公升	100 ～ 70 毫克／每公升	70 ～ 30 毫克／每公升	30 ～ 0 毫克／每公升
白酒	200 毫克／每公升	150 ～ 90 毫克／每公升	90 ～ 40 毫克／每公升	40 ～ 0 毫克／每公升

葡萄酒中的添加物 Jill Cousin et Louise Drul（2022）: Le Vin Naturel. Paris, Éditions Ulmer.

若不添加硫化物，發酵過程跟裝瓶後的穩定性會變得較不可測，這確實是自然酒釀造時較常見的挑戰，因為不添加硫化物，在發酵過程中更可能會讓些許微生物較為活躍，進而產生非典型氣味，像是農場或是馬廄的味道（但有解決辦法，後續章節會說明），裝瓶後也比較容易出現酒質改變的現象。

為避免這些問題，自然派釀酒師必須精準掌握釀酒過程，包含釀酒環境的清潔要求、對野生酵母特性的理解、發酵溫度跟時間的掌握等。很多人誤以為自然派釀酒師什麼都不做，就可以把酒釀完裝瓶，其實恰恰相反，正因不使用化學物質，自然派釀酒師得更了解釀酒細節，才有辦法釀出風味乾淨的自然酒！

更多關於自然酒的事

QA1：自然酒可以陳年嗎？

許多人對自然酒的誤解，是自然酒必須趁新鮮喝，無法陳年，但事實卻不是如此，葡萄酒大師 Isabelle Legeron 曾針對自然酒陳年做過討論，她說：「我試過陳年五十年不加硫化物的自然酒，而且狀況很好，自然酒要能陳年五十年並非不可能。」

對於硫化物的使用，Isabelle 表示：「使用硫化物並不能幫助酒陳年更久，因爲硫化物的添加目的，在於殺掉葡萄酒中的微生物，若葡萄酒要有好的陳年潛力，那這款酒必須來自非常健康的葡萄園，在耕作上也必須非常細心的照料。」

我曾在一次探訪布根地自然派酒農的過程中聊到這件事，酒農跟我說：「葡萄酒若要隨著陳年延伸出更多層次的風味，會需要微生物的參與才有辦法達到，若二氧化硫將所有微生物都殺死了，那麼陳年風味究竟是氧化？還是風味發展？這就像你拿著一個罐頭，說放二十年會更好吃一樣。」這段話有些許強烈，但我同意葡萄酒在釀造的過程中，需要健康酵母與微生物參與。

不可否認的是，現今有許多自然派酒農，在釀酒的道路上仍探索中，加上目前市場主流偏好清爽易飲型的自然酒，這類型酒款確實不適合陳年。但這就像討論薄酒萊新酒是否一定要趁新鮮喝，每種酒都有適合的品

飲週期，若該款酒在釀造時的目標，是要有更長的陳年潛力，那麼釀酒師必定會透過適當萃取、氧化、陳釀，來延長陳年潛力，因此有越來越多自然酒被證明是可以陳年，而且是需要陳年的。

這幾十年下來，也不乏像許多自然派先驅，從有機種植到無添加硫釀造，厚實經驗已經足以支撐他們種出非常健康的葡萄，且釀造出極具陳年潛力的酒款，隨著自然酒風氣的盛行還有各種研究的投入，未來我們絕對可以期待更多好喝且可以陳年的自然酒出現。

QA2：為什麼自然酒喝起來，經常有微氣泡感？

若你喝過自然酒的話，想必大多數人都有這個經驗，會感覺到自然酒裡的氣泡感。而且明明不是氣泡酒，入口卻仍有微氣泡的感受，在了解自然酒的微氣泡前，我們要先知道葡萄酒中的氣泡是怎麼來的。

葡萄酒在發酵過程中，二氧化碳是標準的副產品，我們在前文提過這個公式：**酵母＋糖＝酒精＋二氧化碳＋熱能。**

就跟麵團發酵會稍微膨脹一樣，葡萄汁發酵成葡萄酒的過程也會出現二氧化碳，若是在開放式的發酵槽裡，這些二氧化碳會自然地散去，但在密閉的發酵空間中，二氧化碳會溶於葡萄酒液裡。自然酒之所以會有微氣泡，就是因為自然發酵過程中產生的二氧化碳，停留在酒液中還未散去的緣故。

一、釀造過程的人工干預極低

自然酒的釀造因極少或無二氧化硫添加，比規格化生產的葡萄酒更加脆弱，故釀造時，會盡量減少人工干預或進行大規模移動的過程（比如頻繁更換釀酒槽、混釀、高強度過濾等），這些刻意不移動酒的過程，會讓發酵產生的二氧化碳停留在酒裡，不容易散去。

二、酒農的選擇

有些酒農為了讓酒液保有清新口感而留住更多的氣泡，讓葡萄酒喝來清爽脆口，對某些自然酒農來說也是種風格的選擇，再加上二氧化碳能避免氧化，對於自然酒的保存也有幫助。

三、酒中可能殘留酵母持續運作

大多數自然酒都不過濾也不澄清，若先排除上述原因，有時在裝瓶後仍然會有酵母與殘糖在瓶中，自然酒在「極少數狀態下」也可能在瓶中出現短暫二次發酵的現象，使得二氧化碳留在瓶中。不過相對來說非常少見，基本上，葡萄酒在裝瓶釋出前，都會經過嚴謹的檢測，盡可能避免還有酵母在酒中運作的情形。

整體來說，自然酒的微氣泡感讓酒喝起來更活潑，在夏天品飲時也更消暑，如果你不喜歡這種特殊口感，可以用醒酒器做一次快速醒酒，或在杯中搖晃幾下，這些氣泡就會自然溢散掉，下次如果再喝到有「微氣泡感」的自然酒，別再以為它壞掉啦！這可是新鮮美味的證明呢！

QA.3：為什麼有的自然酒聞起來很臭！

「這瓶酒真的好臭喔！」我想很多人第一次會被自然酒嚇到，應該就是這個反應，自然酒為什麼會臭？有哪幾種臭？臭的原因是什麼，又要怎麼改善它？我想對任何人來說，都不會希望自己做出來的酒、賣出去的酒、買到的酒聞起來是臭的，也就是說，沒有人會刻意去做出這個臭味，代表這是一種發生在酒瓶裡面，與微生物有關且是我們肉眼看不見的化學反應。

我們首先排除任何跟保存或運送環境有關所造成的風味瑕疵，因為自然酒本身較脆弱，所以運送過程必須要有非常良好的溫度控制，若在高溫環境下運送，酒液很容易變質。購買自然酒相當重視來源性，建議大家找信賴的葡萄酒進口商購買。

那要如何享受自然酒的美味，又不至於被臭到，如果被臭到該怎麼辦？接下來簡單分享困擾許多人的問題：「自然酒中的臭味」。

自然酒的還原反應（Réduction）

一般來說，在產地的酒莊品嚐時，酒本身的風味應該都是好的，酒商不會大費周章進口臭掉的產品。那麼，如果一瓶酒的風味原先是好的，經低溫冷藏原裝進口抵達台灣後，消費者開瓶喝了卻感覺很「臭」，最有可能的原因就是：「這瓶酒在運送過程產生了還原反應」。

簡單來說，**還原反應就是葡萄酒處於缺氧狀態下，產生的不好聞氣味。**在葡萄酒的發酵過程中，酵母會消耗氧氣，所以紅酒釀造的初期，酒槽會處於低氧狀態，這有助單寧和色素聚合物的發展，讓紅酒風味和色

澤都更為穩定。常聽聞釀酒時使用不鏽鋼槽或加入惰性氣體等，都是為了保護葡萄酒避免受到氧氣影響，以維持新鮮水果的調性，但在這樣低氧的狀態下，也更有機會造成硫化合物產生，這就是「臭味」的來源。

釀酒師在試酒槽內的新酒時，一旦發覺出現些微臭雞蛋、硫磺等還原氣息，就會在酒槽中實施加入氧氣、攪桶、淋皮等措施，讓空氣循環來消弭這個情形。但當還原反應是發生在已裝瓶的葡萄酒中，就有機會在開瓶時，讓消費者聞到這個可怕的味道。

規格化生產的葡萄酒，之所以較少發生還原反應，是因為二氧化硫是種防腐劑，像個保護網，能較高程度地避免酒液變質。而自然酒之所以較容易發生還原反應，誠如前面小節提到，是因為自然酒極少或盡可能不添加二氧化硫，且維持低人工干預狀態下裝瓶，如此一來，更容易在運送過程中產生還原反應。

如何避免不好聞的味道？

從酒莊角度來看，為了釀造出穩定性更高、低人工干預、無硫添加的酒款，釀酒師的經驗與功力很重要，必須讓自然酒經過一定時間的陳釀（適當地與氧氣做接觸），讓酒質足夠穩定，或是裝瓶前不過濾酒液，當中的酒泥（死掉的酵母）就可以天然地保護這些葡萄酒。

若在開瓶後發現厭氧狀態，該如何應對？很簡單，就是幫它「打入空氣」！一般來說，當自然酒抵達台灣，經過長時間晃蕩的運送後，需靜置至少三星期以上讓酒款休息沉澱，這將有助於自然酒恢復其滋味，但是由於每一瓶酒的狀態不盡相同，**當消費者收到葡萄酒時，在開瓶後還是出現還原氣息，此時最好的方式就是「醒酒」。**

如何進行？把酒倒進醒酒器裡搖晃，讓葡萄酒跟大量空氣做接觸，香氣就會被「還原」出來，像美少女戰士變身一樣。偷偷說，在法國跟酒農喝酒時，若遇到還原反應，有的酒農會把酒倒進罐子裡，像雪克杯搖出泡沫，雖然這是有些粗魯的做法，大家聽聽就好，但卻經常立即有效！

想必有些讀者會感到納悶：若自然酒有較高機率會出現還原氣息，為什麼仍有這麼多人癡迷於自然酒？我想是因為當自然酒呈現原本樣貌時，其姿態迷人就像風姿綽約的女人，頭髮不一定梳得整齊，但微微散落的髮絲搭配自信神韻，舉手投足間的慵懶充滿個性。雖然她有時臭臉、有時朝氣，卻總讓人目不轉睛地想著：「啊～好美啊！她到底是個什麼樣的人呢？好想知道更多關於她的事…」，自然酒就有這樣的魅力。

添加二氧化硫的葡萄酒風味較直接，你會相對明顯地感受到它的線條感，尤其當二氧化硫添加量越高，風味就越死板。當然，這完全是個人的偏好選擇，我認為太過狂野奔放跟太過潔癖拘謹，都是一個天秤的兩端，每個人喜歡跟適合的風格不一樣，在風味譜上找到適合自己的品味點才是最重要的，畢竟不是所有人都能接受開瓶後被一陣硫磺屁味嚇到。對我而言最好的狀態，就是找到風味會變化又足夠穩定的自然酒，知道什麼適合自己，並了解原因為何才是最重要的。

產生揮發酸氣息（Acidité Volatile）的原因
我相信有些讀者，曾在開瓶品嚐自然酒時，聞到「指甲油」或「染髮劑」的味道，品飲白酒時尤其常見，這個味道就是「揮發酸」。

「揮發酸」就是具有揮發性的酸，主要成分是乙酸（我們熟悉的醋）跟乙酸乙酯（聞起來像指甲油），這些化學分子是葡萄酒發酵時的副產

品。其實所有的葡萄酒檢測裡都有「揮發酸數值檢測」。在歐洲，葡萄酒規範正好落在上限 0.8 到 1 公克／公升之間，如果拿醋酸來比較，醋裡的乙酸濃度是 30 ～ 90 公克／公升，足足有 10 ～ 90 倍以上的濃度差異，所以拿醋來比擬葡萄酒的揮發酸，以量級來說還是有差別的。

為什麼有些葡萄酒的揮發酸氣息特別明顯？某次訪問阿爾薩斯酒農時，他是這麼跟我解釋的：「揮發酸氣息明顯的葡萄酒，往往是因酒精發酵正在進行時，乳酸發酵先行被啟動。」簡單來說，就是葡萄酒在發酵時，酒液裡的各種菌的活躍度不一！因為採用野生酵母（Levures indigènes）自然發酵，發酵過程較不穩定，不像人工揀選酵母是被挑選出來的工兵，這些「野生子民」有時喜歡罷工，導致發酵停滯，此時由乳酸觸發的乳酸發酵提早開始，如此就有可能導致揮發酸增加。

添加人工酵母或二氧化硫，可以減少或避免發酵不順暢的情形發生，所以在傳統派葡萄酒裡，揮發酸的產生比較少。即便釀造過程中或多或少都還是有揮發酸的產生，但其實在 1 公克／公升濃度以下的揮發酸是相當難聞到的。

有「揮發酸」不全然是件壞事，對於某些葡萄酒的風味來說，揮發酸氣息會讓葡萄酒聞起來較為活潑。有時開瓶後過一會兒，氣息就會散去了，所以最終還是要找到一個你對於風味平衡的偏好度，只要揮發酸氣息不蓋過原本的花果香氣，那麼也是個有趣的體驗。坦白說，有些人很喜歡這種聞起來帶有動感的氣息呢！

小小補充，爲什麼自然派酒農寧願冒著可能被罷工（發酵停滯）的風險，也要選擇野生酵母做自然發酵呢？主要原因是：人工揀選酵母會直接影響葡萄酒風味，爲了忠實呈現葡萄的本質滋味，自然派酒農會堅持使用野生酵母自然發酵。

具有強大繁衍力的酒香酵母（Brett）

　　我想常喝自然酒的朋友，應該或多或少都有個經驗，就是開瓶後發現酒杯中有個難以言喻的「農場味」，不管是乾草或馬廄，這原始的大自然風味就是「酒香酵母」。

　　酒香酵母（Brettanomyces）稱爲 Brett，是二十世紀開始在葡萄酒中被發現的一種酵母菌，它具有強大的繁衍力，不管在有氧或無氧狀態下都能生存，並且透過葡萄皮、橡木桶等各種方式進到葡萄酒裡。只要葡萄酒沾染了酒香酵母，就會改變香氣，與風味組成產生一種酚類物質，會讓人聯想到動物氣味，有些則會衍生出茉莉、玫瑰香氣。針對這個天然的味道，釀酒師與科學家一直都有不同觀點。有的酒農完全反對酒香酵母，認爲這是一種「香氣缺陷」，但也有酒農認爲，酒香酵母在某種程度上轉化了葡萄，展現出更豐富的香氣層次，比如說知名葡萄酒雜誌 Wine Enthusiast，就提到黎巴嫩酒王睦沙城堡（Château Musar）以其酒香酵母帶出的層次風味而出眾。

　　卽便如此，絕大多數酒農仍想盡可能避免酒香酵母的產生，拜訪酒農時，只要在他們的作品中聞到一點點，並試圖說出「B」開頭的字時，他們就會非常緊張。由於酒香酵母繁衍很快，維持酒窖或橡木桶的高度整潔是非常重要的。二氧化硫可以有效遏止酒香酵母，所以在傳統派葡萄酒裡，較少會有酒香酵母產生的氣味出現。

有時候，葡萄酒裡的「缺陷」在開瓶之際是聞不到的，要入口才喝得出來，法文稱爲 Goût de souris（老鼠味）。雖說是老鼠，但實際喝起來的味道比較像花生、爆米花、米飯的氣息，我自己覺得更像芋頭的綿密感，這類型風味對許多人來說不見得是負面感受，畢竟好壞與否是人爲定義，終究還是要達到整體風味的平衡感。

Célia
Wine
Travel

Chapter 4

跟著 Célia 到產區，探索葡萄酒風味

葡萄酒的家鄉在法國，每個產區的葡萄酒各有自己的迷人樣貌，Célia 完整分享產區裡的葡萄酒故事，用歷史、文化和美食角度做深度側寫，更聊聊她的選酒觀點、適合搭什麼樣的台灣料理，鼓勵你也嘗試看看！不一定要去高級餐廳，在家也能享受不同產區葡萄酒、果酒的風味感動。

產區裡的葡萄酒故事

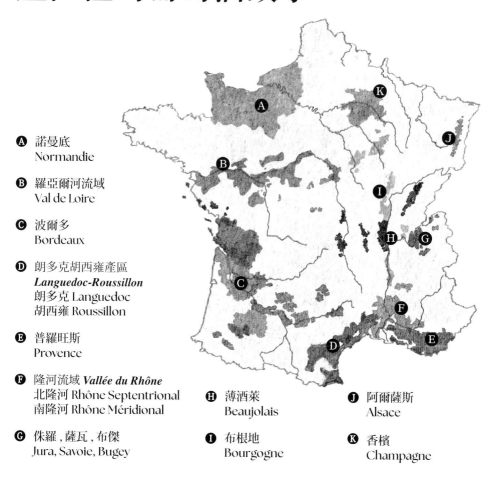

A 諾曼底
Normandie

B 羅亞爾河流域
Val de Loire

C 波爾多
Bordeaux

D 朗多克胡西雍產區
Languedoc-Roussillon
朗多克 Languedoc
胡西雍 Roussillon

E 普羅旺斯
Provence

F 隆河流域 *Vallée du Rhône*
北隆河 Rhône Septentrional
南隆河 Rhône Méridional

G 侏羅 , 薩瓦 , 布傑
Jura, Savoie, Bugey

H 薄酒萊
Beaujolais

I 布根地
Bourgogne

J 阿爾薩斯
Alsace

K 香檳
Champagne

　　在這個章節，我希望帶大家從我的視角，以文化和美食角度來探索葡萄酒產區，這是我認識每個法國產區的方式。因為對我來說，一個產區的構成絕對不止葡萄酒單一元素，還包含該地區的歷史地理與飲食文化等，就像完美的一餐不會只有葡萄酒，每個元素存在都有其故事和價值，我們一起探索法國各個產區吧！

Alsace
阿爾薩斯

阿爾薩斯產區擁有美麗的丘陵葡萄園,沿著法國東北部的萊茵河延伸,五十一個特級園如星星般,點綴分佈在下萊茵省和上萊茵省,這裡的葡萄酒村莊風景如畫,半木造結構的房屋,令人彷如走進童話書裡一般。以芳香系葡萄品種爲主的阿爾薩斯,是初入門葡萄酒新手,最值得探索的芬芳產區。

如果你問法國人:「全法國最美的聖誕市集在哪裡?」他們一定會不約而同地回答阿爾薩斯(Alsace)。阿爾薩斯爲什麼有這麼美麗的聖誕市集?爲什麼葡萄品種以雷司令(Riesling)爲主?爲什麼酒瓶是修長的笛型瓶?這些都與阿爾薩斯的過去——德國,有著密不可分的關係。

法國阿爾薩斯位於德法邊境,過去曾屬德國領土,1871 年法國普法戰爭戰敗,在法蘭克福簽訂條約,將阿爾薩斯省的大部分地區割讓給德國,直到 1919 年回歸,故阿爾薩斯有近 48 年隸屬德國,因此在語言、建築跟飲食上,都深深受到德國文化影響。

Alsace 阿爾薩斯

2015 年，我第一次旅行阿爾薩斯，期間在當地遇到的法國人們幾乎都會說德語，當地學校的德文經常是必修，不只是歷史文化淵源，許多阿爾薩斯的法國人都在德國境內工作。歐洲是個文化大熔爐，周邊國家有許多相互影響的淵源，在阿爾薩斯你經常會找到「德式法文」，例如阿爾薩斯葡萄品種「格烏茲塔明納（Gewurtrztraminer）」，就是個富有德文風情的經典單詞，還有外型修長酒脖子的笛型瓶、雷司令葡萄（Riesling）也是源自德國萊茵河產區。

阿爾薩斯對我而言，是個充滿星星的夢幻產區，這些星星不只來自聖誕市集的金色星星，座落鄉間的阿爾薩斯葡萄酒小鎮更宛如星座般，串連成一幅幅美麗的圖畫。如果你初次拜訪這個產區，希望漫遊葡萄酒小鎮，可以從首府史特拉斯堡出發，搭火車到科爾馬（Colmar），以此小鎮爲據點探訪周邊的地方，包括 Riquewihr、Eguisheim⋯，幾乎都是騎腳踏車可到的距離，科爾馬同時也是日本吉卜力動畫《霍爾的移動城堡》創作藍本，穿梭漫行在一片片葡萄園間欣賞田園風光，是我在法國葡萄酒產區最棒的旅行回憶之一。

甜潤風格的阿爾薩斯葡萄酒

阿爾薩斯當地最著名葡萄品種是雷司令（Riesling），也是目前全法國唯一，法定允許可生產雷司令白葡萄酒的產區，該品種源自德國萊茵河。很有趣的是，你如果在餐桌上問老一輩的法國人：「要不要喝阿爾薩斯白酒？」很多人會直覺性地反應：「我不要喝甜酒！」

在 90 年代，阿爾薩斯 Riesling 白酒以「甜潤」著名，尤其流行延遲採收稍微沾染貴腐菌的葡萄。即便酒標沒有註明是甜酒，倒出來卻甜潤無

比，對於不喜歡喝甜酒或預期應該要是干白酒的人來說，阿爾薩斯白酒經常是一種驚喜（或驚嚇？）。直到近年來，隨著市場趨勢改變，阿爾薩斯逐漸轉型成以釀造干白酒爲主，如果你正好喜歡花果香豐沛的白酒，那麼一定要試試阿爾薩斯。

雖說阿爾薩斯白酒酸度偏高，但是相較於鄰近的德國產區，阿爾薩斯白酒仍然是圓潤厚實的風格，不僅成熟度較高、酒精濃度也較高。阿爾薩斯有著弗日山脈的屏障，夏季氣候乾燥且炎熱，2020 年阿爾薩斯的科爾馬（Colmar）甚至是法國春季日照時數第二長的城市呢！

我喜歡的阿爾薩斯荼餚，是經典酸菜香腸燉肉鍋（Choucroute），吃起來有點像台灣的酸菜鍋，但不涮豬肉片，而是在酸菜上擺一條條臘腸、肉排、水煮馬鈴薯，蘸著黃芥末吃，然後配杯酸爽的阿爾薩斯氣泡酒（Crémant d'Alsace），是很適合冬天的溫暖飽足型料理。

阿爾薩斯葡萄酒的九個關鍵詞
1. 阿爾薩斯的葡萄酒 90% 以白酒爲主。
2. 阿爾薩斯的葡萄酒都是單一品種，且會註明在酒標上（氣泡酒例外）。
3. 最常見的白葡萄品種是雷司令（Riesling）。
4. 官方允許紅酒釀造品種只有一個：黑皮諾（Pinot Noir）。
5. 阿爾薩斯有五十一個特級園 Grand Cru，特級園的葡萄酒僅能使用「貴族品種（Cépages Nobles）」釀造。
6. 阿爾薩斯有產氣泡酒 Crémant d'Alsace。
7. 阿爾薩斯有產粉紅酒。
8. 阿爾薩斯有產貴腐甜白酒。
9. 注意！有些阿爾薩斯白酒的酒標看不出來是甜酒！

在阿爾薩斯，有八個法定允許葡萄品種，你喝過幾種呢？

1. 黑皮諾 Pinot Noir
2. 雷司令 Riesling（貴族品種）
3. 格烏茲塔明納 Gewurztraminer（貴族品種）
4. 密斯卡 Muscat（貴族品種）
5. 灰皮諾 Pinot Gris（貴族品種）
6. 白皮諾 Pinot Blanc
7. 希瓦那 Sylvaner
8. 夏斯拉 Chasselas

如何挑選阿爾薩斯葡萄酒？

相較於其他法國葡萄酒產區，阿爾薩斯葡萄酒很好入門，因為除了氣泡酒之外，都是單一品種釀造，品種會特別標註在酒標上。

只不過，目前仍有些酒莊以釀造傳統的甜型白酒為主，為了避免你以為買的是干白酒，開瓶後才發現是甜酒的窘境，建議購買前先問清楚酒商，或詳閱酒瓶背標文字（補充～在阿爾薩斯，傳統上經常被釀成微甜白酒的葡萄品種是 *Gewurtrztraminer* 和 *Pinot Gris*）。

比如雙月酒莊，有一款以灰皮諾葡萄釀造的特級園白葡萄酒（*Vignoble des 2 Lunes, Hatschbourg Grand Cru 2010*），酒標上完全沒註明是晚摘甜酒，但是開瓶卻充滿蜂蜜、蜜桃果乾、烤蘋果、香料麵包與蜜香紅茶氣息，入口酸中帶甜非常迷幻可口。一問之下才發現，這的確是使用了沾染貴腐菌的葡萄釀成，因此在阿爾薩斯

購買白酒時，若一個不小心，會比其他產區更容易買到「甜蜜的滋味」。會特別標註在阿爾薩斯酒標上的甜酒有以下兩種：

晚摘甜酒（法文：*Vendanges Tardives*）

僅能使用阿爾薩斯的四種貴族品種（請見上頁）釀造，晚摘意指採收時間較晚，故成熟度較高，甜度較高，且部分葡萄會沾染貴腐菌而帶蜂蜜乾果調性。根據法國官方法規，阿爾薩斯晚摘甜酒需陳釀至少十八個月才能裝瓶出售，若以台灣手搖茶來比喻，就是蜂蜜檸檬微糖。

貴腐甜酒（*Sélection de Grains Nobles*）

僅能使用阿爾薩斯的四種貴族品種（請見上頁），且逐串精選沾染貴腐菌的葡萄釀造，根據法國官方法規，同樣需陳釀至少十八個月才能裝瓶出售。如今阿爾薩斯貴腐甜酒相對少見，酒莊經常以 375 毫升的規格裝瓶。

充滿自由靈魂的阿爾薩斯新生代酒農

如果拜訪阿爾薩斯，會發現有很多酒莊，都是家族傳承六、七代，直到近年才自立品牌的新興小酒莊，為什麼明明家裡有葡萄園，卻不自立門戶？原因是這些小酒莊，過去多將葡萄賣給大品牌酒商，老牌酒商樹立輝煌歷史，讓阿爾薩斯葡萄酒被世界上更多人認識。但也有越來越多年輕酒農，希望可以釀出屬於自己土地與家族的歷史，因此近十年間，許多阿爾薩斯新銳小酒莊不斷竄出，且比其他法國產區更特立獨行。

阿爾薩斯新生代酒農查理 *Charles Sparr*（雙翼酒莊莊主），因應氣候變遷，開始種植在阿爾薩斯相對罕見的葡萄品種，比如 *Syrah*、*Nebbiolo* 等，放棄傳統阿爾薩斯分級制度，不使用傳統笛型瓶，即便該地塊是特級園，仍選擇列爲法國餐酒等級（*Vin de France*），對新生代酒農與葡萄酒愛好者而言，葡萄酒分級與產區結構的「重要」與「不重要」的邊界越加模糊，地區餐酒也逐漸擺脫劣質酒枷鎖，出現更多非傳統的新派主張。雖然直接從特級園降爲地區餐酒，著實令人捏把冷汗，但實在沒有比做出有自己意志的酒，更令人感到振奮的事了。

此外，在阿爾薩斯也有許多小型自然酒聯盟，有別於傳統酒商收購葡萄酒混調拼裝後貼標出售，新生代自然酒農更強調：維持各酒莊風格，自行裝瓶，但是聯合起來共同經營品牌。

知名的阿爾薩斯自然酒聯盟品牌：小葡萄聯盟 *Pépin*，法文意思是「葡萄籽」，集結了十來間擁有共同理念的酒莊，一起爲小葡萄系列釀造風格獨具的酒品。*Pépin* 由十來間理念相同的酒農各自裝瓶，雖然酒標一樣，但每一個批次的序號嚐起來卻都不同，此時光靠辨認產區已經不管用，爲讓更多人愛上葡萄酒，新生代法國酒農選擇了更直觀的圖像記憶和消費者溝通，來降低法文的語言隔閡。

你是否也曾有過站在整排法國葡萄酒架前，看到成串法文字卻不知該怎麼選酒的困擾？

法國 *Pépin* 系列的紅、白、粉紅、橘、氣泡等，選擇用擬人插畫來詮釋葡萄酒的風味，由巴黎知名插畫家 *Michel Tolmer* 繪製，將

Alsace 阿爾薩斯

葡萄酒化身為芭蕾女伶、風琴手、功夫小子、中古騎士、探戈情侶等，讓選擇葡萄酒變得更輕鬆直觀，這些在酒標上活靈活現的人物都有各自獨特的個性，法國人稱為 *free juice*。

就像同一位芭蕾女伶每一天跳舞的姿態都不同，而我們又怎能期待每一瓶葡萄酒會有一模一樣的滋味？對自然派酒農而言，葡萄酒瓶裡裝的不是酒，而是一個個獨立自由的快樂靈魂。

🍷 什麼台灣料理適合阿爾薩斯葡萄酒？

阿爾薩斯葡萄酒在法國經常被認為是最適合搭配亞洲菜的產區之一，原因是果香豐沛，大多是微甜的特質。微甜的阿爾薩斯 Gewurztraminer 白酒，很適合搭配紅燒牛肉乾麵，這個品種本身帶有明確的荔枝、玫瑰、辛香料氣息，微甜果潤可平衡辛香十足的豆瓣辣感。

不甜的阿爾薩斯 Riesling 白酒，還可搭白斬雞，如果該款白酒厚度足夠，甚至撐得起客家桔醬的濃厚滋味。如果你想要配酸菜鍋，阿爾薩斯白酒也是毫無疑問的好選擇。

阿爾薩斯氣泡酒 (Crémant d'Alsace) 是我的心頭好，只要看到 Crémant 這個法文字，就知道是採香檳法釀造，但不在香檳產區生產的法國氣泡酒，阿爾薩斯是我最喜歡的法國 Crémant 產區，原因無他，就是足夠酸爽且果香圓潤，很少踩雷。

另外，阿爾薩斯黑皮諾紅酒近年來也相當值得關注，隨著氣候變遷，

阿爾薩斯黑皮諾越來越飽滿細緻，芬芳香氣以乾燥玫瑰花瓣與桑椹果醬爲主，就像黑加侖軟糖，已不再是過去那樣酸到令人頭皮發麻的紅酒風格了。在阿爾薩斯經常可以用相對實惠的價格，買到品質驚人的黑皮諾紅酒，搭餐上可搭配油脂較豐腴的肉類，比如和牛、炙烤松阪豬等。

Bordeaux
波爾多

波爾多位於大西洋沿岸,吉倫特河將波爾多劃分為知名的右岸和左岸。得益於地理位置和氣候,波爾多葡萄酒遠近馳名,是世界上最著名且活躍於國際葡萄酒市場的重要產區。城堡矗立葡萄園間,一座比一座雄偉,波爾多不僅是葡萄酒之都,也是座美麗的城市,漫步在歷史遺跡中啜飲葡萄酒、享用阿卡雄生蠔,再來個可麗露,是道地的波爾多美味體驗。

　　波爾多,一個幾乎所有人都聽過的法國葡萄酒產區,它為什麼有名?為什麼如此受酒評家羅伯帕克讚揚?波爾多盛衰彷如一部高潮迭起的電影,在這裡喝得到世界頂級珍藏、絕世美酒,但同時也有許多小酒莊面臨葡萄樹剷除抑價的困境,一座座城堡聳立鄉間葡萄園田畝,這是個對愛酒人有著致命吸引力的夢與想之地。

　　2018 年,我投入精品酒貿易（ Fine Wine Trade ）,因為工作出差到波

爾多許多知名城堡酒莊，舉凡瑪歌堡、拉圖堡、拉菲堡、侯伯王、木桐堡、滴金堡、歐頌堡、白馬堡等，都曾一一拜訪。這些如夢似幻的品飲行程，有鋪著紅毯的大道迎接、燙金的酒款介紹手冊，身穿西裝筆挺的侍者用銀盤端著紅酒，以及鵝肝、魚子醬、黑松露，精緻推車上數十種可任選的起司更是稀鬆平常，現場還有弦樂四重演奏，每去一次波爾多，就覺得好像體驗了一次住在天上的日子，然而這卻是波爾多每年春天的傳統：期酒會 En primeur。

橡木桶裡陳釀的「未來酒」

「期酒會」是每年波爾多城堡酒莊釋出新酒，給世界上葡萄酒影響力人士與酒商品飲的日子，這些「新酒」並不是如薄酒萊販售實際已裝瓶的新酒，而是仍在橡木桶裡陳釀的「未來酒」。比如說，我在 2018 年春季拜訪波爾多時，品嚐的是 2017 年份，買家付款後需等待兩年才會收到預購酒款。期酒品飲後，各間酒莊會報價，按理來說，預購是市場最低價，兩年後會再漲（不過有些年份反而兩年後釋出卻跌價），所以期酒販售的是未來獲得配額的所有權。

酒評家和酒商在品嚐期酒後，會根據各家評比推測未來漲幅趨勢，知名美國酒評家比如 Robert Parker（2019 年退休）、James Suckling、Neil Martin、James Suckling、Antonio Galloni、Jancis Robinson 等，會為每間酒莊評分，這就是大家有時會看到 PR95、JS97…的意思，PR 是 Robert Parker 縮寫，JS 是 James Suckling 縮寫，Antonio Galloni 則是 Vinous 評分。

世界投資客會根據這些酒評家給的分數，來決定要預購哪一間酒莊的波爾多期酒，酒商也會用這些評分來推薦客人投資，再加上葡萄酒屬於

史密斯拉菲堡期酒會（Chateau Smith Haut Lafitte）。

Bordeaux 波爾多

「食品」，維持著只會越來越少的稀缺性，某些國家甚至交易免稅，就像是藝術品、黃金、房地產投資等，葡萄酒也成為投資標的。明確地說，波爾多期酒採購更像是看股票走勢（可參考 Liv-ex），人們會將波爾多葡萄酒儲存在專業倉儲管理，不提領、不開箱，維持 OWC（Original Wooden Case）狀態，才能轉手賣到最好價格。

大家都聽過波爾多五大酒莊與 1855 拿破崙分級制度，拿破崙三世在世界博覽會上，把波爾多城堡酒莊根據名聲、價格與品質分成五個等級。第一等級，就是大家所熟知的五大酒莊：拉菲堡(Château Lafite Rothschild, Pauillac)、拉圖堡(Château Latour, Pauillac)、瑪歌堡(Château Margaux, Margaux)、侯伯王(Château Haut-Brion, Graves)、木桐堡(Château Mouton Rothschild, Pauillac)。

瑪歌堡（Château Margaux）。

1789 年的法國大革命，將統治法國多個世紀的絕對君主制與封建制度瓦解，封建貴族與宗教特權被推翻，但是拿破崙三世建立的「波爾多葡萄酒分級制度」卻仍保留至今（拿破崙三世在 1860 年之前都實行獨裁的帝國統治）。從 1855 年被列級的城堡酒莊想改變現狀是很困難的事，假設你的祖先在 1855 年釀酒品質普通，故被列為第五級，後代子孫發憤圖強精進釀酒技術，想晉級雖不是完全不可能，卻非常不容易，遑論那些從來沒有被列級過的波爾多酒莊。

於是從 90 年代中期開始，新銳釀酒師在波爾多聖愛美濃釀造車庫酒[註]（Vin de garage），致力做出更符合市場需求的波爾多葡萄酒，有「波爾多賈伯斯」之稱的芙嵐侯堡（Château Valandraud）就是箇中傳奇，但因產量少，如今也水漲船高。我有時在想，波爾多車庫酒也許就是現代小農酒莊的前身，不受大環境限制而放棄精進自己。

波爾多現存的世襲神秘職位

除了分級制度外，波爾多還有一個世襲職業稱為 courtier，類似葡萄酒仲介或掮客。根據傳統，波爾多城堡酒莊不能直接跟酒商做交易，必須透過這個中間人來進行，courtier 擁有頂級城堡酒莊的配額，由他決定賣給哪一位酒商，至今波爾多仍有超過 75% 的葡萄酒是透過他們販售，這個神秘職位不會公開招募，多半都是世襲繼承。然而，並不是說這裡所有的葡萄酒都是名莊列級，也有許多充滿理想的波爾多小酒莊、自然派酒農致力於分享波爾多故事。

註：車庫酒（Vin de garage）源自 90 年代的波爾多，創新派釀酒師致力突破波爾多城堡分級制度，以小產量、高品質為主要訴求，因為釀酒室有別於波爾多大型城堡般富麗堂皇，更像是從車庫尺寸大小開始的微型計畫，故又稱為車庫酒莊。

歷史是無法改變的過去，享受波爾多葡萄酒也不是嚴肅的事，我喜歡波爾多葡萄酒跟喜歡其他產區一樣多，但在宣揚自由平等博愛的法國，波爾多仍有著潛在根深蒂固的階級思維，你不需要愛馬仕，因為你的姓氏就是名牌！啊～都是葡萄酒，每個產區的命運還真是大不相同。

如何挑選波爾多葡萄酒？

　　波爾多產區以吉倫特河（*Gironde*）為界，分為左岸和右岸，兩岸土壤成分不同，種植葡萄品種的分佈也因此有所差異，左岸是卡本內蘇維濃葡萄的天下，右岸則是梅洛葡萄。接下來帶大家基礎認識波爾多左右岸的葡萄酒，學習怎麼用簡單法文來描述波爾多酒款。

波爾多左岸

一、梅多克（Médoc）

梅多克有八個子產區，由北到南分別是梅多克（*Médoc*）、上梅多克（*Haut Médoc*）、聖愛斯臺夫（*Saint-Estèphe*）、波雅克（*Pauillac*）、聖朱利安（*Saint-Julien*）、利斯特哈 - 梅多克（*Listrac-Médoc*）、穆利斯（*Moulis*）、瑪歌（*Margaux*）。

　　梅多克產區的紅酒通常架構完整、萃取度高、單寧飽滿、酒體渾厚，需長時間陳年或醒酒，葡萄品種以卡本內蘇維濃（*Cabernet Sauvignon*）為主，該品種皮厚色深，再加上波爾多經典酒款大多會過新桶陳釀增加強度，紅酒風味主要以黑色成熟莓果，黑櫻桃、黑

醋栗、菸草、皮革氣息爲主。如果你喜歡傳統濃郁飽滿型的紅酒，喜歡醒酒後帶來的風味深度再搭配牛排享用，那麼梅多克紅酒會很適合你。

美國加州非常盛行這樣的波爾多風格紅酒，只是過桶比例更高，再加上美國橡木桶烤桶時間更長，故美國加州紅酒的風味更滿、更甜、更重口，想想似乎也更適合搭配美國炭烤肉排。

> *Memo*：法國人用什麼樣的詞彙形容「梅多克紅酒」？
> · *Puissant* 強壯的、*Opulent* 豐富的、*Riche* 濃郁的
> · *Structuré* 富架構的、*Dense* 集中的、*Profond* 深沉的

二、格拉夫（Graves）與蘇甸（Sauternes）

格拉夫位於波爾多南部，*Graves* 是英文砂土（*Gravel*）之意，地勢較爲平坦，最知名的酒莊莫過於侯伯王堡（*Chateau Haut-Brion*），另外佩薩克雷奧良（*Pessac-Leognan*）也出產許多品質優秀的波爾多紅酒。

講到佩薩克雷奧良（*Pessac-Leognan*）就不得不提史密斯歐拉菲堡（*Château Smith-Haut-Lafitte*），法國知名保養品牌 *Caudalie*，便是由史密斯歐拉菲堡莊主女兒創立，使用自家釀酒後的葡萄酒渣，提煉萃取葡萄籽中的抗氧化多酚來做成保養品，所以如果你拜訪這間酒莊，不僅可以品酒，還能在附近的 *SPA* 會館用卡本內葡萄渣做全身按摩。

如果在波爾多用餐想挑款好喝的白酒，會推薦格拉夫產區，葡萄品種以白蘇維濃（*Sauvignon Blanc*）和榭蜜雍（*Sémillon*）爲主，果香大多成熟飽滿，蘊含平衡優雅的木桶氣息。

Memo：法國人用什麼樣的詞彙形容「格拉夫＆佩薩克雷奧良紅酒」？
· *Souple* 柔順的、*Élégant* 優雅的、*Ferme* 緊實的、*Riche* 濃郁的

Memo：法國人用什麼樣的詞彙形容「格拉夫＆佩薩克雷奧良白酒」？
· *Intense* 集中的、*Frais* 清新的、*Fruité* 果香豐沛的
· *Floral* 花香馥郁的、*Rond* 圓潤的、*Complexe* 複雜的

波爾多旅程繼續往南，會來到法國知名貴腐酒產區：蘇甸（*Sauternes*），金光閃閃的滴金堡（*Château d'Yquem*）就在這裡。

小小題外話：法國貴腐酒的釀造方式跟匈牙利多卡伊（*Tokaj*）不太一樣，在法國是採收沾染貴腐菌的葡萄後，直接拿來釀酒，然而這樣的釀造方式在匈牙利多卡伊只能被列爲晚摘。匈牙利多卡伊的貴腐酒釀造方式，是在基酒中浸泡沾染貴腐菌的葡萄果粒，他們會用幾個 *Puttonyos* 來分級，意指在固定容量的基酒中加入多少簍（*Puttonyos*）的貴腐果粒，簍數越多，甜度就越高。

首次拜訪蘇甸產區是爲了面試，當時我仍在法國找工作，面試時間是早上九點半，我提前一天抵達寄宿朋友在蘇甸的公寓，隔天起個大早就被眼前濃霧嚇醒，迷霧風雲中伸手不見五指，當太陽升起，轉瞬就是萬里無雲的晴日。貴腐菌最適合的生長環境需要足夠濕氣，但也需要足夠乾燥，才不會從貴腐葡萄變成發霉葡萄。

波爾多蘇甸貴腐甜酒餐搭的夢幻組合

在法國品嚐波爾多蘇甸貴腐甜酒的方式，大多是搭配鵝肝醬，因甜味會帶出鵝肝裡的緻密鮮味而有放大感。法國大文豪普魯斯特曾在《追憶似水年華》書中寫道，二十世紀王宮貴族們會用蘇甸貴腐甜酒搭配生蠔，我誠心推薦這個美味組合。

如果可以，請選擇脆口飽實如干貝甜潤的夏朗德的普斯生蠔（*Pousse en Claire*），酒中甜味會讓生蠔乳香更甜美，而生蠔自帶的碘味與香更烘托出貴腐酒的深沉濃郁氣質，雖非典型的搭配，但會讓人覺得：「喔，原來這就是以前王宮貴族喜歡的味道啊！」

Memo：法國人用什麼樣的詞彙形容「蘇甸貴腐甜酒」？
· *Puissant* 強壯的、*Élégant* 優雅的
· *Aromatique* 香氣馥郁的、*Complexe* 複雜的

註：蘇甸產區也開始生產不甜的干白酒，而且越來越普遍唷！

波爾多右岸

波爾多右岸最知名的子產區是聖愛美濃和波美侯，這個小節會專注介紹這兩個產區。其實波爾多右岸，還有盛產白酒的兩海之間（*L'Entre-deux-mers*）、布爾格和布萊（*Bourg & Blaye*），若大家有興趣，也可以去找來試飲看看。

一、聖愛美濃（Saint-Émilion）
若想安排一趟波爾多葡萄酒之旅，除波爾多市區外，最值得一訪

也不容錯過的就是聖愛美濃，這裡不僅是波爾多產區最古老的葡萄酒小鎮，也名列聯合國世界文化遺產。對葡萄酒愛好者來說，聖愛美濃是來波爾多非看不可的朝聖之地，即使不愛飲酒的人，走在聖愛美濃蜿蜒石板路上也是別有風味，也難怪這個小鎮總是擠滿遠道而來的觀光人潮。

然而，聖愛美濃最初不是以葡萄酒聞名。傳說在西元八世紀時，一位來自布列塔尼的修士——愛美濃（*Émilion*），他為了幫助窮人，總是從城堡裡竊取麵包分送，在某次差點被抓包時，藏在大衣下的麵包居然因神蹟突然變成石頭而免於責難，這個不可思議的事件讓愛美濃有了追隨者，支持擁護他的人越來越多，愛美濃因此成為羨嫉權勢者的通緝對象。他一路逃亡，來到波爾多右岸這個原名為 *Ascumbas* 小鎮的洞穴隱居，一些信徒找到了他，建立了這座古城，並將古城命名為「聖愛美濃（*Saint-Émilion*）」。

聖愛美濃有一座巨石教堂（*L'Église Monolithe*），被列為聯合國世界文化遺產，是全世界最大的地下教堂，這座從中世紀開始興建的建築，見證了聖愛美濃的歷史。

Monolithe 原意為一塊巨石，指這座教堂是用一塊巨大的岩石建成，由於位處歐洲朝聖者之路，人們大量使用地 20 公尺寬。單純用數字說明，或許沒有太直接的感受，若以台灣一層樓平均 3.5 公尺來計算，這座教堂居然有將近十層樓的高度，工程浩大到令人無法想像。根據文獻紀載，巨石教堂內曾有華麗木頭刻與壁畫，因法國大革命破壞與年久失修，在潮濕陰暗環境下逐漸損毀，世界大戰期間更被當成火藥的實驗與開發場地，導致壁畫摧毀不如以往，僅

能用殘存浮雕去推測過往曾有的美麗。

地底隧道裡的溫濕度造就的波爾多氣泡酒

聖愛美濃的石灰岩層一直有很好的用途，這裡的石灰岩在十九世紀時大量地被採鑿，波爾多市景有大量建材便是來自聖愛美濃，人們不斷往下挖掘，挖出了深不可測的洞穴，而地底的閒置空間成了一條條地下密道。這麼說或許有點難以相信，聖愛美濃地底幾乎是中空的，除了規模最大的巨石教堂外，位於小鎮中心的聖愛美濃酒莊都有地下密道，密道與密道相連宛如迷宮，若沒有特別用鐵欄圍起，是可以從 A 酒莊走到 B 酒莊的。聖愛美濃陰涼潮濕的地底隧道，更為葡萄酒提供了良好的陳年環境，所以這裡出產許多波爾多氣泡酒（*Crémant de Bordeaux*）。

讀到這裡，大家應該有發現，法國人很喜歡把石灰岩洞穴挖空後，再用來陳釀氣泡酒！再加上聖愛美濃土壤以石灰岩為主，這裡種植的葡萄品種主要為梅洛（*Merlot*）和卡本內弗朗（*Cabernet Franc*），發現波爾多左右岸的差別了嗎？左岸葡萄品種多為卡本內蘇維濃，右岸則以卡本內弗朗為主。

波爾多右岸的酒款風格比左岸更柔軟，入口後的單寧質感有種絲滑的粉狀質地，有點像用手指輕刮石灰表面岩層的觸感，以前做盲飲時，我會藉由這個質地差異來判斷是波爾多左岸或右岸的酒。

最後值得一提的是，如果你有機會拜訪聖愛美濃小鎮，推薦買盒古老的馬卡龍圓餅，它跟我們現今所熟知的七彩馬卡龍不同，因使

用高品質杏仁與蛋白製作，而呈現天然餅乾色，口感酥脆不過甜，比台灣馬卡龍——牛力再紮實一點，搭配聖愛美濃紅酒亦有獨特風味喔！

Memo：法國人用什麼樣的詞彙形容「聖愛美濃紅酒」？
- *Raffiné* 精巧的、*Velouté* 天鵝絨般的、*Puissant* 強壯的
- *Concentré* 集中的、*Généreux* 雍容大器的、*Rond* 圓潤的

二、波美侯（Pomerol）

有人說，全法國最好的梅洛紅酒來自波美侯。因為它口感豐潤、單寧絲滑，在這個僅有 792 公頃、名列波爾多的最小產區，之所以遠近馳名，除了高品質紅酒外，還有另外一個原因是：世界最昂貴的波爾多紅酒就在波美侯的彼得綠酒莊（*Petrus*）。

波美侯的黏土底層（*crasse de fer*）富含鐵元素，這種特殊的藍色黏土具有良好保水性，由於氣候涼爽，故不適合種植晚熟的葡萄品種，這裡絕大多數都種植梅洛葡萄。我自己並不特別偏好梅洛紅酒，因為圓潤甜美、口感順滑，不具特殊個性，但卻在波美侯產區長成它最美的樣子。

Memo：法國人用什麼樣的詞彙形容：波美侯紅酒？
- *Raffiné* 精巧的、*Puissant* 強壯的
- *Intense* 集中的、*Sensuel* 感性的

🍷 什麼台灣料理適合波爾多葡萄酒？

相信絕大多數愛酒的朋友們對波爾多葡萄酒都不陌生，如果你想舉辦一場以波爾多為主角的餐會，可以先用一支波爾多氣泡酒（Crémant de Bordeaux）開場，我特別喜歡用卡本內紅葡萄釀成的波爾多氣泡白酒，開瓶是俏皮的莓果芳香，帶點柑橘花香調，入口清脆且十分耐飲。

前菜挑選格拉夫產區的白酒搭配，主餐若為燒雞，可選右岸聖愛美濃紅酒，再濃郁一點的菜餚，如紅燒牛肉，則選左岸梅多克產區的紅酒。結尾想再貪杯一點的話，可以用一小杯波爾多蘇甸貴腐甜酒作結。

在法國討論波爾多產區時，經常會包含一整個阿基坦大區 (Aquitaine)，因地理位置接近，許多人在安排波爾多旅遊時，也會將西南產區納入 (Sud-Ouest)，比如大鼻子情聖故鄉的 Bergerac、黑酒產地 Cahors、知名貴腐甜酒產區 Monbazillac、Jurançon 等。波爾多也被兩個知名的白蘭地產區包圍，包括北邊的干邑（Cognac）與南邊的雅馬邑（Armagnac），講起這裡的美食美酒，我想又能寫一本書了。

Bourgogne
布根地

幾世紀以來，布根地維護葡萄酒傳統，當地僧侶將葡萄園按氣候與土壤特質劃分小塊的做法，至今依然存在，且受聯合國教科文組織的嚴格保護。漫步在布根地的石牆小徑中，感受到的不僅是布根地佳釀的酒香，還有世世代代傳承的文化，以此為使命的葡萄酒農，用最多的熱情在酒窖間分享他們的釀酒職志。

　　我人剛好在布根地寫這段文章，身歷其境的時刻真是難忘。布根地對我來說是個很特別的地方，法國每個地區的文化都不盡相同，產區風景也很不一樣，布根地的特色是一圈圈用石頭砌成的牆，小巷拐彎內藏匿著只有在地人才知道的酒莊，大多數時候沒有牌坊，對我這個住在普羅旺斯的外來人而言，布根地真的很神秘。

　　很多時候寄信給當地酒農，大多不會回（或回很慢）、打電話不會接、敲門不見得有人應，要花時間深耕與布根地人相處，要讓他們知道：你是

Bourgogne 布根地

眞的很喜歡他們的作品。在我的經驗裡，布根地是個重情義的產區、重視人與人之間的關係，雖然一開始不是非常容易認識他們，但只要他們把你當朋友，這份關係就會鞏固而堅實。

布根地主要以三個葡萄品種爲主：夏多內（Chardonnay）、黑皮諾（Pinot Noir）、阿里哥蝶（Aligoté），酒農擅長使用這三個品種，變化出千萬種風味不同的葡萄酒。即便是相鄰的兩塊地，當地的微型氣候使得葡萄酒風味各有特色，風土的微妙展現讓這裡成爲酒迷心中的至高殿堂，拿著葡萄園地圖在當地按圖索驥，把每個莊園的風格特色記錄下來，是體驗布根地風土的一種方式。

重情義的布根地酒農

布根地葡萄酒很受歡迎，不只在台灣，在全世界都是，因此要獲得一瓶喜歡的布根地紅酒，或代理一間新星布根地酒莊，都不是件容易的事，再加上布根地酒農非常重視人與人之間的關係承諾，他們很少或幾乎不會輕易妥協。所以我第一次成功代理心儀的布根地自然派酒莊，十分奔波艱辛，但就像追求一份熱愛的志業，就算過程再怎麼顛簸，都是驗證你眞心的過程。

2022 年 11 月，我踏上一場探索自然酒的旅程，從南法開車一路往北，經薄酒萊到布根地，憑藉著緣分與直覺牽引，在薄酒萊黑雀酒莊 Julien Merle 的介紹下，來到一間布根地南部自然酒吧，但是位置十分偏遠，剛好酒吧有開、老闆有在、那天沒什麼客人，也剛好我們有些共同的酒農朋友，就這樣聊起來。

他說我若喜歡布根地自然派葡萄酒，一定要去這間酒莊：「如果妳夠幸運，也許他們會賣妳酒，但也許不會，他們今年就只賣我十二瓶。」說這話的同時，他邊秀出珍藏：滴咚酒莊（Domaine Didon），一試之下發現酒質動人，細膩優雅，一見傾心原來就是這樣的感覺。於是我打電話、寄E-mail、打電話、留語音留言，再傳了落落長的簡訊跟 E-mail…，在幾乎放棄希望的同時，終於收到酒莊回覆：「我明天晚上五點後有空，但我只能跟妳聊四十五分鐘，之後我還有別的事要忙，所以如果妳遲到，我沒辦法等妳。」

隔天傍晚不到五點，我準時出現在酒莊門口，當時我既不知道他們有沒有酒、也不知道他們會不會賣我，這是個難以用三言兩語說明，既充滿期待又害怕受傷害的心境。莊主大衛 David Didon 接待我們參觀葡萄園，做了簡單的桶邊試飲，後來由於時間緊湊，莊主太太 Naïma 說今天沒辦法開瓶試酒，要我下週四再來。

下週四！…

我的心裡非常掙扎，因為按原訂安排，結束此趟布根地旅程後就要從巴黎飛柏林，參加當地一年一度的自然酒展，而莊主太太指定的日期，也正好是我要從柏林飛回法國的日子，機票已經買好，一天內要從德國柏林衝回法國布根地酒莊，幾乎是不可能的事。但當時的我沒有其他選擇，在完全沒有把握是否有機會成功合作的前提下，這也許是我唯一的機會，於是，我說好。

2022 年 12 月 1 日凌晨六點，我從德國柏林市區出發。搭公車、轉火車到機場，抵達巴黎後立刻搭計程車，到火車站後轉高鐵，到第戎（Dijon）

後拖著行李箱匆匆趕到停車場取車，開車直驅伯恩（Beaune），歷經十一個小時的旅程，從凌晨六點到傍晚五點，準時在布根地酒莊門口出現。我發誓以後再也不會做這種事了，如此瘋狂、如此疲憊，但為了我喜愛的葡萄酒，義無反顧。

我仍清楚地記得那天，天氣非常寒冷，我們在酒窖裡做了完整品飲，紅酒一如往常地好，白酒更讓我驚豔不已，乾淨流暢線條、珠潤般肌理，入喉後那不斷湧現的清新氣息，宛如萬里無雲的皎潔月光。隔天，我到伯恩市區的酒窖打聽，大家都說他們的 Aligoté 白酒是當地的翹楚之一。

我沒有跟布根地酒農打交道的經驗，不知道他們是否會願意跟我合作，腦袋中出現一百個可能會被拒絕的理由，但我真的很喜歡他們的作品，於是硬著頭皮詢問，莊主太太一改原本的嚴肅神情，灑脫地說：「我是很憑直覺的人，第一次見到妳時，我就知道了。謝謝妳特地從德國趕來，我們很感動，但如果不想與妳合作，我們就不會叫妳回來了。」

有時候人與人的相遇是這樣，尤其在葡萄酒世界裡又更加緊密，當莊主太太這樣跟我說時，我眼淚都快掉下來了，低著頭啜飲著手裡的布根地紅酒，她說她希望所有客人都是懷著真心喜歡、在家裡也會想自己喝的心意，來推廣跟分享他們的作品。道別前，我推開酒窖大門，想著自己應該很快會再回到布根地吧？她說：「隨時歡迎妳再回來。」

布根地有很多傳奇的酒、傳奇的釀酒師，我經常在想，若我能早個十年、二十年出生，也許可以認識到不一樣的葡萄酒世界，也許有機會能喝到更多傳奇的酒。但這都是緣分，每個世代都有屬於自己的任務與課題，布根地世界同樣不斷地變化，不知十年、二十年後又是如何，但我會守護

布根地自然派酒莊 Domaine Didon 莊主正在進行桶邊試飲

這些故事，冀望讓更多人有機會品嚐到這個悸動時刻。

葡萄酒的真實樣子

在 2023 年的布根地自然酒展上，我問了許多酒農同樣的問題：「對您來說，自然酒是什麼？您如何定義自然酒？」幾乎所有酒農回答都十分一致：盡可能無添加，讓葡萄酒喝起來是葡萄的樣子。

簡單一句話，執行起來卻相當不容易，我問 Marc Soyard 合作釀酒師 Vincent Zuber 如何辦到這件事，他說是「長時間桶陳」，因為足夠長的時間能讓無添加葡萄酒達到穩定。另一間酒莊 Château de Garnerot 的女釀酒師 Caroline Fyot 則認為，除了揀選葡萄品質的重要性之外，足夠時間的浸皮萃取也能讓黑皮諾葡萄擁有更豐富、有深度的風味展現。

我想時間是鑰匙，經由歲月的淬鍊拋光，方能展現其真實的模樣。

如何挑選布根地葡萄酒？

布根地產區從北到南大致分成夏布利（*Chablis*）、夜丘（*Côte de Nuits*）、伯恩丘（*Côte de Beaune*）、夏隆內丘（*Côte chalonnaise*）和馬貢（*Mâcon*）。而大家時常聽聞的「金丘」，便是指夜丘與伯恩丘這塊寸土寸金的精華地帶，我曾在秋末拜訪布根地，葡萄樹葉一片金黃，是名副其實的「金色山丘」。

布根地葡萄酒大致分爲四個等級：大區級、村莊級、一級園（*Premier Cru*）、特級園（*Grand Cru*），這裡的葡萄園地塊等級分類非常細密如馬賽克磚，許多布根地酒迷們會以一張張地圖索驥，在選購布根地葡萄酒時，資深酒迷也會根據酒標上的地塊名稱查詢該葡萄園座落位置，以判斷可能會有的風味特徵。接下來從北到南，幫大家簡介產區特色。

一、夏布利（Chablis）

　　夏布利是一個只生產夏多內白葡萄酒的產區，細分爲小夏布利（*Petit Chablis*）、夏布利（*Chablis*）、夏布利一級園（*Chablis Premier Cru*）和夏布利特級園（*Chablis Grand Cru*）。

　　當地以一種特殊的沉積土壤 *Kimmeridgian* 聞名，富有貝殼化石，能夠爲酒質帶來清脆酸度與礦物感，再加上產區緯度高、氣候涼爽，夏布利白酒酸度活潑，尤其是小夏布利白酒，多爲簡單易飲的爽脆白酒風格。夏布利一級園和特級園，大多是經橡木桶與酒泥陳釀的類型，帶有更豐富的圓潤厚實感，一句話總結：夏布利白酒以礦物感明確的清新質地爲主調，品嚐海鮮時，若想來杯爽脆感的布根地白酒時，該產區白酒經常是個好選擇。

二、夜丘（Côte de Nuits）

　　夜丘是最接近布根地首府第戎（*Dijon*）的產區，以釀造黑皮諾紅酒爲主，在布根地的三十三個特級園地塊裡，位於夜丘的 *Gevrey-Chambertin* 村莊裡就有九塊，當中的 *Chambertin Grand Cru* 和 *Chambertin-Clos-de-Bèze Grand Cru* 兩個相鄰地塊，被認爲歷史最悠久，最早可追溯至西元 *630* 年，同時也是最知名、價格最高的。

所以你聽人家說香貝丹（暱稱香被單），請別懷疑，就是在說布根地夜丘的精華產區 *Chambertin*，這裡的紅酒大多渾厚、富有力道與架構，陳年潛力高。熱愛香貝丹紅酒的酒迷，經常會攤開地圖尋找最靠近該特級園的地塊，希望可以用相對合理價格買到高品質的酒，大家有機會到夜丘時，不妨尋找看看。

夜丘除了香貝丹，還有許多愛酒人心中的夢幻村莊，當你跟酒迷聊到這些名詞時，他們肯定雙眼發亮，比如說香波密斯尼（*Chambolle-Musigny*）、梧玖園（*Clos de Vougeot*）、沃恩羅曼（*Vosne-Romanée*）等，尤其是沃恩羅曼，有世界知名、最昂貴的傳奇酒莊：羅曼尼康帝酒莊（*Domaine de la Romanée-Conti*），暱稱 *DRC*。如果你曾經看過酒迷朋友拜訪布根地，和葡萄園前的十字架合影，那麼八九不離十就是羅曼尼康帝酒莊。在布根地夜丘散步，經常一個回首，就不小心踩進千萬價值的農田裡。

如果你是葡萄酒新手，想嘗試夜丘產區的紅酒可以從村莊級開始，比如說夜丘村莊級紅酒 *Côte-de-Nuits-Villages*，風味往往會比大區級更為濃郁。位於夜丘最北端的村莊馬沙內 *Marsannay*，則是布根地唯一可以釀造紅、白、粉紅酒的村莊。

整體來說，布根地葡萄酒除了挑地塊，我認為釀酒師是當中更關鍵的存在。即便是大區級，傑出的釀酒師也能創作出令人魂牽夢縈的作品，所以你如果想深入鑽研布根地葡萄酒，建議花時間了解酒莊與釀酒師的故事，更能夠挑到適合自己偏好風格的布根地酒款。

三、伯恩丘（Côte de Beaune）

如果你想到布根地旅遊拜訪酒莊，可以先從貓頭鷹之城第戎（Dijon）出發，搭火車到伯恩（Beaune），這裡是伯恩丘的核心地帶，也是知名的伯恩濟貧院（Hospices de Beaune）所在地。著名的伯恩濟貧院慈善拍賣會就是在這裡進行，每年十一月，新聞都會報導拍賣會的拍出金額，總金額經常超過千萬歐元，伯恩濟貧院也是個博物館，推薦大家買票參觀，了解布根地葡萄酒歷史。

伯恩是知名布根地大酒商的集中地，漫步在伯恩市中心，經常可以看見著名酒商的牌坊，酒商會收購小型酒莊的葡萄來釀酒再貼標裝瓶，以確保連年都有穩定的品質與產量，這是布根地葡萄酒的特色。主要因為地塊小、產量少，若遇上不佳的欠收年份，買賣葡萄是維持酒莊經營一種方式。

在法文裡，簡單判斷是否為酒商葡萄酒的方法是看酒名，Maison 為收購釀造的酒商，Domaine 則為自產自釀的酒莊，比如知名的樂華（Leroy），就分成收購葡萄的 Maison Leroy，和自家葡萄園的 Domaine Leroy，價格當然是後者高，行業內的人經常會用「白頭」與「紅頭」來暱稱，白頭是酒商酒款且價格親民，紅頭則是酒莊酒款，較為稀有，兩者價差可到十倍以上。

伯恩丘的葡萄酒紅白均有，但是特別以白酒聞名，尤其是知名村莊蒙哈榭（Montrachet），生產世界知名的蒙哈榭特級園白酒（Montrachet Grand Cru）。

對許多人來說，若想一嚐布根地的高品質葡萄酒，經常會到伯恩丘尋找，這裡相較於夜丘來說，擁有更多合理價格的村莊。像我自己就相當喜歡馮內（Volnay），花香簇擁、單寧細緻；相鄰的波瑪（Pommard）也是好選擇，風格會更強勁、蘊含力道。我曾在布根地梧玖園的女性慈善拍賣會上嚐到一款極為喜歡的紅酒，來自 Parent 酒莊，由女釀酒師釀造的波瑪一級園（Domaine Parent, Pommard Premier Cru Les Epenots 2017），果香圓潤又多汁飽滿，富有架構又兼具靈巧的穿透力，實在讓人喜歡。

對於不諳法文的朋友來說，布根地葡萄酒的酒標閱讀會比較困難，故此章節也是全書中穿插最多外文的段落。的確，在法國葡萄酒的學習與探索上，如果會一點法文便能更好地辨識酒標的意義，建議初學者不妨記誦幾個知名村莊的法文名。

布根地葡萄酒的價值不菲，一直以來都讓人有種神話般的膜拜感，但不要忘記葡萄酒是一種飲品，**所有原料都是葡萄來自土地，**

盡可能用平實的眼光去看待每個村莊產區，當作是一種體驗和餐桌旅行。我們常說「酒緣」，便是所有來到你面前的酒款，都有其價值與意義。

四、夏隆內丘（Côte chalonnaise）

當布根地金丘的葡萄酒越來越昂貴，酒迷們就會往周邊價格相對合宜的產區前進，夏隆內丘便是好選擇。

近年來，在布根地相當受歡迎的葡萄品種阿里哥蝶（*Aligoté*），特色是有活力的酸度和榛果氣息，品質最佳的菁英產區就是位於夏隆內丘的布哲宏（*Bouzeron*），吉芙里（*Givry*）的紅酒曾被法國國王亨利四世喜愛而聞名，而我覺得夏隆內丘最超值的紅酒選擇，則莫過於果香飽滿馥郁的梅克雷（*Mercury*）了。

五、馬貢（Mâcon）

位於布根地與薄酒萊接壤，故文化上也介於兩者之間，是布根地最大的子產區，這裡不僅有夏多內、黑皮諾葡萄，也種有許多加美葡萄（*Gamay*）。

馬貢沒有特級園，唯一的一級園是普依富塞（*Pouilly-Fuissé Premier Cru*）。在馬貢產區最普遍的是馬貢（*Mâcon*）與馬貢村莊級（*Mâcon Villages*）白酒，夏多內在這裡經常呈現飽滿熱帶水果氣息，呈現豐沛的陽光意象，經適當桶陳帶出來的厚度，讓人有種品嚐鳳梨奶油水果塔的滿足感。

挑選布根地葡萄酒時，有一件值得注意的趣事：布根地大區也包含了薄酒萊，所以薄酒萊地區可以合法釀造布根地大區的葡萄酒，下次若是看到酒標上寫 *Bourgogne*，不僅可能來自布根地，也可能來自薄酒萊，因為薄酒萊也被列在布根地大區裡唷！

什麼台灣料理適合布根地葡萄酒？

這是一個非常困難的問題，布根地葡萄酒的樣貌豐富，乃自村莊、地塊、年份、釀酒師皆是。對於熱愛布根地葡萄酒的酒迷而言，很多時候「酒」才是重點，吃什麼會開心，比較重要；而在餐廳裡要針對一道菜搭配布根地葡萄酒，也需要侍酒師對該酒莊年份地塊有相對高的掌握力，才能為酒選擇適當時機，並以適當溫度開瓶。

若是在家裡品飲，想用輕鬆方式體驗布根地葡萄酒文化，可以從布根地氣泡酒（Crémant de Bourgogne）開始。在法國有個經典喝法，用布根地特產的黑醋栗利口酒（Crème de Cassis）加進氣泡酒裡，做成簡單調酒，稱為 Kir，是非常道地的法式調酒，幾乎每個餐廳都會提供。原因是布根地氣泡酒在傳統上通常做得非常酸爽，用適當甜酒去平衡，會讓果味更豐富，而且調配出來的酒會呈現出漂亮的淡紫色，非常討喜。

汆燙清蒸類型的海鮮料理，可選夏布利白酒來搭配；有濃郁醬汁的雞肉、鵝肉料理，則可挑濃郁飽滿的馬貢村莊白酒來搭餐。建議布根地紅酒要提前開瓶醒酒，且酒溫需控制在 16 ～ 18°C 之間。我認為布根地葡萄酒的多元與豐富性值得投資，但若是考慮荷包，也可選擇相對親民的產區，用自己最舒服的姿態開啟這場布根地之旅。

布根地沒有產甜酒，但甜點可以選用白蘭地來搭配。一杯好喝的 Marc-de-Bourgogne 或 Fine-de-Bourgogne 都是上乘之選，中文譯為渣釀白蘭地，在法國各產區都有釀造，兩者差別在於 Marc 是用「葡萄皮」蒸餾而成的烈酒，Fine 則是「葡萄酒泥」蒸餾成的烈酒，絕大多數的白蘭地都會再經橡木桶陳年，來增加風味上的圓潤感。

Beaujolais
薄酒萊

風景如畫的薄酒萊產區位於法國東部，位於隆河和布根地產區之間。尼澤朗河（Le Nizerand）自然地將薄酒萊，劃分爲北部特級產區（Cru）與南部新派產區，這裡的酒農大多有樂天的性格，用加美葡萄（Gamay）釀出法國最新鮮多汁的可口紅酒，是充滿歡樂，且包容性極高的自然酒天堂。

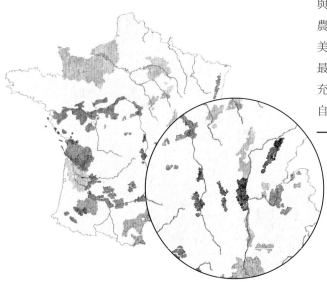

「薄酒萊不只新酒。」我相信這句話大家都聽過，那麼薄酒萊除了新酒，還有什麼酒？在講薄酒萊的故事前，我突然想到一個很久以前的故事。

我讀研究所之前，幾乎沒有接觸過葡萄酒，但記得每到十一月中旬，就有便利超商店員會問客人要不要預購薄酒萊，店裡到處都是薄酒萊的促銷廣告，店員也沒有特別說明什麼是薄酒萊，再加上宣傳品大多是薄薄一小本，讓我一直誤以爲薄酒萊是一種酒，後來到了法國才明白：「原來薄酒

萊是一個葡萄酒產區啊！」薄酒萊的中文翻譯真是妙語如珠，兼具法文音譯（Beaujolais），也帶有一種吉祥感，好像喝了，財運就會來。

薄酒萊長期以來給人一種果味清爽感，再加上每年的「薄酒萊新酒節」，在法國各大量販超市裡都能買到便宜的薄酒萊新酒，更加深了法國一般大眾對薄酒萊的印象。

我其實非常喜歡薄酒萊。

薄酒萊居民每年最重要的傳統，是始於二十世紀的薄酒萊新酒節（Beaujolais Nouveau），當地酒農已延續該傳統百年，直到 1985 年，法國法律才正式訂定：每年十一月的第三個星期四，是薄酒萊新酒節。

薄酒萊居民慶祝新酒節。

Beaujolais 薄酒萊

Beaujolais 薄酒萊

很做自己的薄酒萊新酒

在這一天，全世界會同步開賣當年度的薄酒萊新酒，意思是：當年九月採收的葡萄，發酵完畢後會立刻裝瓶讓大家品嚐，2024 年就搶先喝 2024 年的酒，不必等！薄酒萊村民們一同慶祝，有些盛情酒莊會開門讓大家跑趴暢飲，人們一間接著一間喝，搭配鄉間樂團的小喇叭、樂鼓演奏，邊吃肉派邊喝酒，在這裡不用像其他產區要等一年或像波爾多要等兩年，完全是今朝有酒今朝醉的歡快感，薄酒萊非常懂得做自己與享受生活。

快速完成的薄酒萊新酒有優點也有缺點，優點是浸皮發酵時間短、萃取少，所以果香輕揚、易飲、沒有太多的單寧澀口感，可以輕鬆咕嚕咕嚕地喝，試想看看，如果你要跟一群朋友開趴同歡，選擇能讓你們豪邁暢飲的酒，是否很爽快呢？

方才提到的優點也是缺點，因萃取時間少，風味無法做過多潤飾，很多時候乳酸發酵甚至在瓶中完成，風味呈現通常較為單一。但換個方式想，在趴踢要豪邁暢飲的酒，清爽簡單其實無傷大雅，有時候簡單反而更爽快。所以在法國，我們幾乎每年都會買薄酒萊新酒，當成一種又過了一年的儀式感，每年喝新酒時都會想著：「啊，今年居然又快過完了啊⋯！」

正因為薄酒萊被大多數人低估，讓這裡的酒農仍保有相對樸實與樂觀的態度，薄酒萊的地價相對便宜，這裡仍有許多人維持傳統農業的自給自足，酒價跟兩個老大哥鄰居——布根地和北隆河相比，更是親切到無以復加，這就是薄酒萊，分享為快樂之本。

雖然薄酒萊以新酒聞名，但有些酒莊是堅持不
釀新酒的。

友善環境、自給自足的酒農天堂

我拜訪過薄酒萊產區幾次，從里昂（Lyon）開車到薄酒萊南部，只需半小時左右車程，這是個綠意盎然的產區，鄉間小房子非常可愛，時不時就會看見田園裡奔馳的馬兒。南北薄酒萊主要的差別是土壤構成不同，薄酒萊南部多為石灰岩與砂質土等沉積岩，北部則以花崗岩等火成岩為主。由於薄酒萊知名的特級產區幾乎都座落於北部，故南部「三不管地帶」就成了新派自然酒農的天堂，這裡是少數我拜訪法國各產區時，發現有這麼多以馬兒耕種、手工貼標、盡可能減少人工干預的自給自足酒農天堂。

黑雀酒莊莊主朱利安 Julien Merle，是薄酒萊南部自然派酒農們的老大哥，之所以說他是老大哥，是因為朱利安在當地籌辦了一個自然派酒農社團，類似互助會，教導薄酒萊、布根地、隆河新生代酒農以馬犁田、不仰賴機器設備耕作。朱利安幫助過非常多人，他的名聲之響亮，在自然派酒農間廣為流傳。他雖然來自傳承六代的葡萄農世家，卻堅持走自己的路，堅持自然派耕作與釀造，他說目的很單純：**唯有不仰賴任何人，才能得到最大值的自由。**

就像用馬兒耕種，是為了不倚賴機器設備、受制於浮動高漲的柴油價格；辛勤養地，是為了不倚賴人工酵母，讓大自然可以自立完成酒精發酵；讓酒液在橡木桶中長時間陳年，是為了不添加二氧化硫，讓葡萄酒能穩定且富有架構。

朱利安說：「他的金庫就是酒窖。」因為他所有的薄酒萊紅酒，都必須在橡木桶中陳釀兩年才裝瓶釋出，這是他的堅持，同時也是布根地酒農釀造自然派紅酒的方式，要怎麼釀好酒？時間、時間、時間，很多時候「耐心等待」就是最好的答案。

我向朱利安學習很多自然酒的知識，曾問他：「為什麼你的紅酒經常喝起來有微氣泡感？」他反倒過來問我：「妳應該要問的是，為什麼有些酒喝起來會沒有氣泡感？」

自然酒不是為了自然而自然

前面章節提過，二氧化碳是酒精發酵過程中自然產出的「副產品」，也是自然酒喝起來有微氣泡感的主要原因，當葡萄酒經過濾或有較多人工干預時，酒中氣泡就會溢散掉。自然派酒農為了盡可能減少或不添加二氧化硫，會避免讓酒液跟空氣接觸的機會，避免葡萄酒氧化風險，而最好的方式就是盡可能不做人工干預。如此一來，二氧化碳就會維持在酒窖裡「保護」葡萄酒免於氧化，裝瓶時也一起裝入瓶中，成為葡萄酒的天然抗氧化劑，所以絕大多數自然酒喝起來有個清爽的微氣泡感。

朱利安教我，如果你不喜歡入口的微氣泡感，只要在開瓶前先把酒拿起來 shake ～ shake ～ 就可以了。他的隨興樂天經常把我逗笑，甚至是在他們家的老房子牆壁裡挖個洞，塞入許多他釀的自然酒，說：「這樣多年後這棟房子的主人，就會發現這裡有寶藏。」

自然酒不是為了自然而自然。很多時候僅是維持初衷、秉持理念後，自然而然產生的結果而已。

黑雀酒莊莊主 Julien Merle 帶我們做桶邊試飲。

如何挑選薄酒萊葡萄酒？

薄酒萊產區分成三個等級，大區級、村莊級、特級。在法國葡萄酒分級上，若酒標只寫了產區名字，代表是大區級，比如一瓶紅酒酒標上只寫薄酒萊（*Beaujolais*），即為薄酒萊大區級的紅酒。

如果你初入門，想喝果味豐沛、兼具適當架構的薄酒萊紅酒，我會推薦你薄酒萊村莊級（*Beaujolais-Villages*）。一般來說，這個等級價格適中，又可以喝到風味結構不錯的薄酒萊紅酒。不過對於某些自然派的薄酒萊酒農而言，他們不喜歡在酒標上註明薄酒萊，目的是為了和法國人普遍認知的新酒做區隔，因此黑雀酒莊的紅酒酒標上是看不到任何薄酒萊字樣的。

薄酒萊產區最常見的葡萄品種有兩個：加美（*Gamay*）跟夏多內（*Chardonnay*）。坊間有個故事是這麼說的，十四世紀時有個布根地公爵，因不喜加美葡萄品種將其驅之別院，這個「別院」就是薄酒萊，其實加美葡萄也沒有這麼糟糕，不僅芳香四溢、皮薄多汁、果香甜美，在薄酒萊北方的花崗岩土壤上，更茁壯長成富有架構、具深度的滋味。

薄酒萊不只新酒的意思，是指這裡也出產許多優質、可陳年的特級村葡萄酒，從北到南分別是：*Saint-Amour*、*Julienas*、*Chenas*、*Moulin-a-Vent*、*Morgon*、*Fleurie*、*Chiroubles*、*Regnie*、*Cote de Brouilly*、*Brouilly*。

Beaujolais 薄酒萊

法國人在命名產區時簡單直接，如果這塊田的葡萄釀出來有花香，就叫「花田（Fleurie）」，如果這塊田中央有座磨坊，就叫「風車磨坊（Moulin-a-Vent）」，如果這塊田釀出來的酒甜美到令人戀愛，那就叫它「聖愛園（Saint-Amour）」，有種邱比特的氛圍。大家可以去找這些薄酒萊特級村莊的酒來喝喝看，體驗一下是否真有這樣的卽視感。

但我自己最喜歡的薄酒萊產區是 Morgon，這都是因為我是 Marcel Lapierre、Jean Foillard 的小粉絲，如果你喜歡自然酒，那麼要試試這些傳奇釀酒師的作品，就像你喜歡英倫搖滾就一定要知道披頭四。

相信各位讀者們，都有感受到我對薄酒萊的熱情吧？

🍷 什麼台灣料理適合薄酒萊葡萄酒？

其實薄酒萊不只有紅酒，也有生產白酒，這個產區較少使用新桶陳釀，所以薄酒萊產區的夏多內白酒，大致有兩種風格：來自北方薄酒萊的脆爽柑橘夏多內，以及南方薄酒萊的成熟圓潤果味夏多內，因此搭配台菜時，很適合有柑橘入菜的菜餚，比如桔醬白斬雞。

因為薄酒萊紅酒本身多汁、單寧柔軟，少了稜稜角角「搞剛」的單寧結構，讓台菜搭配上有很多包容、多元與可行性。曾有讀者與我分享，薄酒萊紅酒搭配薑絲大腸的滋味絕妙，我則喜歡喝薄酒萊配香腸，下次我們就相約一起「拎薄酒萊紅酒迺夜市吧」！

Champagne
香檳

香檳產區無論在法國或世界上都是知名的葡萄酒產區，香檳開瓶時的「爆竹聲」大多記錄著我們難忘的慶祝時刻。這個來自法國東北方，距離巴黎不遠的地區，是法國釀造法規最爲嚴格的產區之一，只有產自這裡且按特定方法釀造的氣泡酒，才能被標誌爲「香檳」。香檳產區的氣候、土壤和數百年的釀酒技藝綜觀，創造了世界上最受歡迎且時尚的「杯中星星」。

　　香檳有種讓人快樂的魔力，開瓶後，所有煩惱都隨著香檳泡泡消散而逝，因此香檳區也是我最喜歡的法國葡萄酒產區之一。2022 年我在法國夏至音樂節的期間，拜訪香檳區的首府蘭斯（Reims），這天是慶祝一年當中太陽日照最長的日子，全法國的城市街邊都有音樂盛會，我在蘭斯城市巷弄跑了六間葡萄酒吧，香檳喝了一杯又一杯，款式多樣，因爲一杯只要六至十歐元不等，簡直好不快樂，轉角還遇見香檳酒莊莊主，全世界還有哪裡可以毫無節制地品嚐各種香檳呢？

　　衆所皆知，香檳是釀造氣泡酒的產區，世界上只有產自法國香檳區的

氣泡酒，才可以稱之為香檳（Champagne），但是你知道嗎？香檳區受鄰近產區布根地的影響，其實一直以來釀造的都不是氣泡酒，而是「黑皮諾紅酒」。

根據歷史記載，法國的香檳區在十七世紀以釀造紅酒為主，因為當時的人們認為，葡萄酒裡有氣泡是種釀造缺陷，所以傳言香檳王（Dom Pérignon）發明香檳氣泡酒的故事並不是真的，歷史記載最悠久的氣泡酒來自南法，香檳王則是致力優化香檳產區的釀酒技術，讓香檳區生產的「紅酒」變得更好喝。到了十八世紀，英國人對氣泡酒的偏執與熱愛，讓香檳區的氣泡酒開始蔚為風行，為了讓香檳喝起來滋味更好，十九世紀的人們發明了轉瓶除渣技術，延長香檳酒液在瓶中陳釀的時間，並且在除渣裝瓶前添糖，讓酸度變得更圓滑柔和。若有機會拜訪香檳產區，不妨安排時間走訪香檳區的重要城市 Épernay，兩側盡是知名香檳酒廠，走在街頭彷如瀏覽歷史，感受香檳氣泡酒為這個地區帶來的繁華。

在香檳區開車其實是一件很過癮的事，因為這裡的地貌有些特別，若不是一眼望去的平坦平原，就是坡度明顯的一座座小山丘，像雲霄飛車一樣上上下下。為了讓葡萄達到良好成熟度，絕大多數種在坡度明顯的向陽坡，放眼望去就像葡萄園海浪。

香檳區的子產區有四個，分別為蘭斯山脈、瑪恩河谷、白丘、壩丘，我特別喜歡瑪恩河谷的景色，尤其是 Aÿ（法文發音：唉），散步在瑪恩河畔看著小船啜飲香檳是種享受。我也很喜歡壩丘，它位於香檳區最南端，接壤布根地，距離夏布利非常接近，開車到布根地首府——第戎也只要兩小時，這裡以種植黑皮諾葡萄為主，酒農的個性也非常開朗活潑，許多新生代或自然派酒農大多聚集在這個地區。

有一回，我在壩丘跟香檳區酒農聚餐，鄉村店家關得早，幾乎都是在家裡吃飯喝酒，那天我們一瓶瓶香檳接著開，酒農各自輪流分享他們的香檳作品。如前文所述，香檳區南部接壤布根地，所以這裡有豐富的「香檳區南部文化」，晚餐大啖布根地式火鍋（Fondue Bourguignonne），吃法是每人用金屬籤插起一塊生牛肉，放進有香料的熱油裡煮，油溫沒有非常高，所以不是炸牛肉，比較像用熱油泡熟的牛肉風味，然後蘸著第戎芥末，配馬鈴薯跟蔬菜沙拉吃，搭著香檳區特色的靜態紅酒（Coteaux Champenois），一口接一口，簡直美味極了！印象深刻的是，同桌所有酒農年紀都比我小，我剛踏入葡萄酒產業時，所有酒農年紀都比我大，曾幾何時新生代酒農們已經是我的弟弟妹妹了！

香檳的不同維度

香檳酒莊大致分為兩種，一種是知名品牌大廠，一種是獨立小農香檳酒莊。

知名香檳品牌大廠如先前分享的香檳產區故事，是從十九世紀開始累積形塑而成，品牌之間重視的是風格。簡單舉例，香奈兒與愛馬仕因品牌理念不同，各有屬於自己的風格與辨識度，香檳大廠亦是如此。為讓消費者立即辨認該酒廠風格，並維持產品的高度穩定性，香檳大廠的任務是創造連年有品牌辨識度的酒品，比如說 LVMH 集團下的酩悅香檳（Moët & Chandon），相信大家每次買到的 Brut Imperial 風味是可預期的，不會有好壞驚喜，而是穩定的風味。要知道這對於葡萄酒來說是相當不容易的，尤其每一年氣候不同，採收狀況無法預期，故香檳大廠會跟當地小農簽訂合約購買葡萄或基酒存放，藉由調配酒液，來達到年年同樣精準風味的品牌呈現。

品牌大廠的另外一個維度就是小農香檳（Récoltant-Manipulant，簡稱 RM 香檳），法文 Récoltant 是採收，Manipulant 是手工的，意思從採收釀造到裝瓶均自家獨立完成，釀造風格更希望呈現鮮明的自主特徵，包括年份、地塊、品種等風土意識，創造出每年風味不同、能展現該葡萄園風土的香檳滋味。正因爲講求獨立創作的自由與自然派理念相近，因此絕大多數的自然派香檳酒農，都是獨立小農香檳酒莊。

對我而言，每種產品都有其存在價值，反映一定程度的市場需求、適合不同的品飲場合。就像音樂，有些人喜歡大衆流行樂，幾乎人人都能朗朗上口、很容易達到共鳴，也有些人喜歡獨立樂團，認爲更有個性、更契合自己的價值觀，**在葡萄酒的選擇上其實也是種生活風格。**

我在 2022 年認識位於壩丘的保羅（Paul-Bastien Clergeot），他說話快得像秒針，喜歡戴鮮豔橘色帽子、把酒槽漆成鮮豔橘色，甚至連香檳的鉛封都是橘色的。他在香檳區南部有八公頃葡萄園，其父母都不是酒農，故沒有家族傳承的包袱與期待，可以自由地創作出他想詮釋的當代香檳滋味。

當我在試他的香檳時，因風味變化與層次都相當豐富，喝了很有畫面，當時我忍不住說了句：「你的香檳喝起來，眞的很不像香檳，反而像是杯有氣泡的好喝葡萄酒！」他大笑說：「我把這當成是個很棒的誇獎。」

保羅的廣大葡萄園有二十一個地塊，他花了好些年對這些地塊仔細進行分析，並根據每個地塊特性，使用不同材質的釀酒槽來製作，幾乎是爲他的葡萄量身訂製的。我問他所認定的自然派香檳是什麼？他說他不會糾結在二氧化硫議題，更多的是採用野生酵母自然發酵、讓葡萄順應風土滋味運行，然後除渣後不做任何添糖。

Paul-Bastien Clergeot 與我分享桶中陳年的「香檳原酒」，因酒液經浸皮萃取，故呈現粉橘色。

Champagne 香檳

對我來說有生命力的葡萄酒，是能夠喚起情緒與畫面的酒，它不一定是條筆直的線，可能有點彎曲、有點超出邊界，就像我們徒手畫的一樣，雖非完美，卻足夠人性。如何界定 ChatGPT 跟一個好的作家？我想，是後者的文字更能引起讀者共鳴，葡萄酒亦是，當你能在裡頭找到自己時，它就是屬於你的命定酒了。

如何挑選香檳？

想學會挑選一瓶香檳，首先要先了解香檳氣泡酒的釀造方式。香檳的釀造是二次瓶中發酵，又稱香檳法（*La méthode champenoise*）或傳統法（*La méthode traditionnelle*）。

葡萄必須是百分之百手工採收，按釀造葡萄酒的方式完成第一次發酵後得到基酒，這個階段是為了獲得酒精，此時的香檳基酒酒精濃度約莫 *10 ～ 11%*，接著進行第二次發酵，目的是為了將發酵產生的「二氧化碳留在酒瓶裡」，成為氣泡酒，二次發酵的酒精濃度會因此再抬升約 *1%*。啟動二次發酵的方式，是在裝瓶前加入適量的糖與酵母，自然派酒農則會放入前一年份特意保留下來的葡萄汁，有點像做麵包的老麵概念。

接著就是等待，葡萄酒液與酵母接觸後浸泡，讓發酵自然產生的氣泡與酒液長時間融合，而在瓶中完成發酵任務的死掉酵母稱為「酒泥」，會讓香檳發展出奶油、烤麵包、奶酥餅乾的風味，也會修飾掉酸度，變得更為沉穩。非年份香檳需陳釀至少十五個月，年

瑪麗柯比內小農香檳酒莊 （Champagne Marie Copinet）莊主瑪麗正在汲取橡木桶中陳釀的莫尼耶（Pinot Meunier）原酒試飲。

Champagne 香檳

份香檳則需陳釀至少三十六個月，一般來說，酒莊會讓香檳保存在此階段，直到想要銷售時才進行下個步驟：「除渣」。

除渣（Dégorgement）目的是爲了取出香檳酒液裡的酒泥，畢竟絕大多數人都希望倒出來的香檳是清澈的，所以根據香檳釀造的法律規定，所有香檳出廠前都必須進行除渣。當酒莊認爲一批香檳酒已經陳年到理想風味並決定除渣時，會提早約兩週把香檳瓶口往下倒扣，固定時間旋轉酒瓶，讓酒泥集中在瓶口，傳統是人力手工轉瓶，現在大多是機器設定，固定時間到就轉九十度。地心引力讓酒泥自然集中在瓶口（通常會稍微冷凍頸部，使液體固化），開瓶時瓶中的二氧化碳會讓酒液噴出帶走酒泥。由於除渣時難免失去一些香檳酒，所以酒莊封瓶前大多得進行補液，補液裡的含糖量（Dosage）決定了香檳的甜度，此時一瓶香檳才終於完成。

現在大家知道香檳是怎麼釀造的了，以下幾個關鍵字，讓你挑選香檳時更有概念喔：

一、白中白（Blanc de Blancs）
香檳是由多個不同品種混釀，主要以夏多內（*Chardonnay*）、黑皮諾（*Pinot Noir*）、皮諾莫尼耶（*Pinot Meunier*）爲主，如果酒標標註爲「白中白 *Blanc de Blancs*」，代表這是瓶百分之百只使用夏多內白葡萄釀製的香檳，酸度通常較冷冽爽脆！

二、黑中白（Blanc de Noirs）
黑中白也同樣道理，是使用百分之百紅葡萄釀製的香檳，比如黑皮諾（*Pinot Noir*）與皮諾莫尼耶（*Pinot Meunier*），酒液當中沒有

混釀任何夏多內葡萄。雖是用紅葡萄釀造，但釀造過程沒有經過浸皮萃取，而是採白酒釀造方式直接榨汁，加上黑皮諾與皮諾莫尼耶品種的葡萄皮較薄，故酒液很少被染紅，故稱為黑中白（有些香檳酒莊為釀造符合大眾期待的黑中白，會使用特定方式脫色），所以紅葡萄其實是可以釀成白酒的。黑中白香檳有更多紅葡萄特有的莓果氣息，口感也更圓潤渾厚些。

三、除渣日期（La date de dégorgement）

除渣日期會影響香檳風味，這項資訊對年份香檳尤其重要，因為卽使是同批香檳，除渣日期不同，嚐起來的風味就不一樣。絕大多數香檳會標註除渣日期，讓消費者知道香檳在瓶中陳年多長時間，通常陳年時間越長，圓潤厚實帶奶油風味的調性也越明顯。

四、補糖（Dosage）

香檳除渣後會補液，當中的含糖量決定香檳甜度，所以幾乎每款香檳都會標註每公升的補糖克數。**若為無添糖香檳，呈現方式將會是：0g ／ L，並標註 Brut Nature**。以下香檳含糖分級供大家參考：

‧ *Brut Nature : 0g ／ L*

‧ *Extra Brut*（6g ／ L 以下添糖）

‧ *Brut*（6g ／ L － 12 g ／ L 添糖）

‧ *Extra Dry*（12 g ／ L － 17 g ／ L 添糖）

‧ *Sec*（17g ／ L － 32 g ／ L 添糖）

‧ *Demi-sec*（32 g ／ L － 50 g ／ L 添糖）

‧ *Doux*（50 g ／ L 添糖以上）

註：可口可樂每公升有 100 克糖！

🍷 什麼台灣料理適合香檳？

這是個偽命題，因為不管吃什麼，喝香檳都很快樂啊！如果要選香檳來搭餐，可挑選無添糖、清新脆爽的白中白香檳搭配海鮮，特別適合對酸度接受度高的人；若要搭配油脂較為豐富的鴨禽、生牛肉塔塔、和牛等料理，則可選果感較為飽滿的黑中白香檳。

若想體驗香檳區盛宴，主餐可選靜態酒（Coteaux Champenois）來搭配，這是香檳區少見「沒有氣泡」的紅白酒，使用香檳區經典葡萄品種釀造，隨著氣候暖化，香檳區的靜態紅白酒越來越精彩，只是價格頗高，喜歡嚐鮮的酒友仍可以找來試試。

甜點時刻可選支粉紅香檳，或香檳區的加烈甜酒（Ratafia）來搭配，這種加烈甜酒做法是在葡萄汁（Le moût）裡加入酒渣蒸餾的生命之水，在當地可以找到單一品種、多品種調配、不鏽鋼槽釀造、橡木桶陳釀等風味作法的 Ratafia，不同葡萄品種的加烈酒會反應其風味調性，比如說夏多內加烈甜酒，就很適合搭配台灣的土鳳梨酥。

近年來，香檳區越來越多元有趣，尤其隨著新一代酒農的加入，香檳區不再只有氣泡酒，出現更多無氣泡的靜態紅、白、粉紅酒（Rosé des Riceys）外，還有使用香檳法、與香檳酒泥陳釀的蘋果酒、西洋梨酒，以及使用香檳桶陳年的威士忌，也有用香檳區葡萄蒸餾製成的香檳琴酒，相信大家會在香檳找到越來越多獨特的在地體驗。

Val de Loire
羅亞爾河流域

羅亞爾河是法國最長的河流，從中央地區到大西洋沿岸，羅亞爾河的潺潺河水綿延八百多公里，由於氣候和風土的多樣性，羅亞爾河的葡萄酒風格與類型多元，白詩楠葡萄（Chenin Blanc）是羅亞爾河流域的風土轉譯者，這裡還是法國皇室的後花園，記載了法國最具歷史的悠遠文化與精緻瑰麗的葡萄酒傳統。

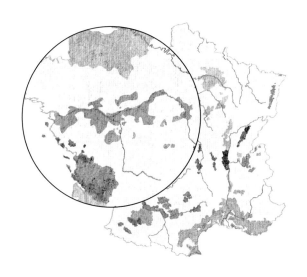

　　羅亞爾河流域（Val de Loire）是歷史迷會瘋狂的產區，這裡記載輝煌的文藝復興時期，是法國文化盛燦的美好篇章，羅亞爾河不僅是法國最長的河流，更是法國城堡密度最高的產區，以及法國皇室居住重要的核心地帶。著名的香波堡、雪儂梭堡，甚至李奧納多‧達文西（Leonardo da Vinci）的長眠之地都在這裡。

　　人們在河流兩側種植葡萄、釀酒、建造城堡、講述許許多多的故事與傳奇，年復一年傳承且千年不朽，我曾在達文西故居的河畔啜飲當地的酒，

欣賞沉入河面的夕陽，當彩霞把天際染成金黃之際，想著或許在平行時空中，達文西也曾在同樣的地方，喝著羅亞爾河的酒。

　　我在羅亞爾河流域居住約莫兩年，因爲曾在羅亞爾河流域的城市昂傑（Angers）唸碩士，畢業後我申請到附近的有機酒莊實習，曾在這裡參與採收釀酒和羅亞爾河酒農採收慶典（La paulée）。十年改變了很多事，世代交接轉型的掙扎、迷你自然派酒莊的遍地花開，在這裡，很多時候不只是品酒，也是一年年在感受這些人與家族的故事。

如何挑選羅亞爾河葡萄酒？

　　羅亞爾河是法國最長的河流，長達 1012 公里（給大家一個比例尺，台灣最長河流——濁水溪是 186.6 公里），是法國第三大葡萄酒產區，被聯合國教科文組織列爲世界遺產，羅亞爾河從法國中央高地流經三百多座城堡到大西洋入海，因爲橫跨不同板塊與氣候帶，故從下到上游一共分成四個子產區，分別爲：南特（Nantais）、安茹與索米爾（Anjou et Saumur）、圖漢（Touraine）、中央（Centre）。

一、南特產區（Nantais）
　　南特產區爲大西洋氣候，只產白酒，最有名的就是 Muscadet 產區，葡萄品種爲布根地香瓜（Melon de Bourgogne），這是種酸度高、風味較爲寡淡的葡萄品種，製作干邑白蘭地時，經常使用它蒸餾成原酒陳釀；但在南特產區，酒農擅長運用酒泥陳釀的方式，帶出兼具清脆礦感與圓潤風味的白酒。

如果你想選支清脆爽口、簡單直接，可搭生蠔、白灼蝦的白酒，可以選擇南特產區的 *Muscadet* 白酒。如果今天吃的海鮮菜餚風味濃郁，甚至是用白醬為基底的料理，不妨選擇 *Muscadet-sur-lie*，*sur-lie* 在法文裡就是讓酒液跟酒泥接觸陳釀，來增加厚度與圓潤感的釀造方式。

二、安茹與索米爾產區（Anjou et Saumur）

「安茹」與「索米爾」產區分別代表羅亞爾河中下游兩個城市的名字：昂熱（*Angers*）和索米爾（*Saumur*），雖然鄰近，葡萄酒風格卻顯著不同，我將這兩個地區分開來向大家介紹。

安茹產區（Anjou）

安茹產區位於阿摩里卡板塊（*Massif Armoricain*）和巴黎盆地板塊（*Bassin Parisien*）交界，前者以黑色片岩為主，後者則是由香檳區延伸的白色石灰岩，兩種土壤風格與色彩迥異，故當地人又把安茹產區分為黑白安茹。同一葡萄品種種植在黑色片岩與白色石灰岩上，會呈現不同風味特色，這是法國葡萄酒的風土哲學。

我實習的巴布律酒莊（*Domaine de Bablut*），酒莊莊主暨釀酒師 *Christophe Daviau* 根據土壤特質，選擇種植相對適應的葡萄品種，酒莊的旗艦紅酒：*Rocca Nigra* 和 *Petra Alba*，分別種植在黑安茹、片岩土壤的卡本內蘇維濃，和種植在白安茹、石灰岩土壤的卡本內弗朗。採用幾乎一樣的釀造方式，但前者風味堅硬厚實強壯，後者卻豐沛柔軟溫和，絕佳展現了風土賦予葡萄酒風味的獨特個性。

我在法國實習的羅亞爾河酒莊（Domaine de Bablut）。

我三十歲生日時，就開了巴布律酒莊的 *Rocca Nigra 2010* 年紅酒來慶祝，是一瓶經十年陳放的卡本內蘇維濃，精彩滋味才正要展開。想起初抵法國的跌撞，宛如紅酒中的艱澀單寧，隨著時間陳年軟化才開始有些韻味，時間改變的不只是一支紅酒，也讓女孩成長為有歷練的大人。

那天獨自在法國小公寓裡，安靜地以羅亞爾河紅酒相伴過生日，老天爺的安排雖然痛苦，卻是最好的禮物，三十歲正是我創業的年紀，那年疫情爆發，因封關回不了台灣，我在人生進程中還是個迷途的人，正因為當時的我什麼都沒有，才更有勇氣放手一博。直到現在，我都還深刻記得那瓶 *2010* 年紅酒的滋味，像個溫暖的擁抱治癒了我的心。

我們每個人都有自己的 *time zone*，就像每支酒都有屬於自己的試飲期，既不會太快，也不會太慢，一切都是剛剛好的安排。

索米爾產區（Saumur）

索米爾產區以石灰岩土壤為主，沿著河畔開車行經，會看見沿路高聳突起路面的石灰岩洞。當地有個特殊的法文名詞叫 *Le tuffeau*，由於石灰岩屬軟質可塑性高的土壤類型，故當地人會用石灰岩作為房屋建材，鑿空的洞穴可拿來穴居、陳年葡萄酒，再者因為當地非常潮濕，很適合養菇，使得索米爾的蘑菇也非常知名，每年可生產十噸，這裡甚至有全歐洲最大的菇菇博物館，我每次造訪都覺得是法國版的台中新社。

由於索米爾產區的石灰岩土壤、天然洞穴，同香檳區地理特質，讓這裡成爲羅亞爾河著名氣泡酒產地。以卡本內弗朗爲主要釀造品種的紅酒 *Saumur-Champigny*，風味圓潤、酸度平衡，很適合搭配羅亞爾河特色菜餚：法式熟肉醬 *Rillette*，熟肉醬吃起來像是用豬肉做成的鮪魚抹醬口感，由於油脂豐富，搭配酸度高的紅酒頗爲相襯。

這裡還有一種特色菜，長得像法國版的刈包，法文叫 *Les Fouées*，是在石灰岩洞裡用炭火烤的餅，剖半後塞進熟肉醬吃，口感較乾，法國人喜歡夾很肥的奶油跟肉醬一起享用。

兩種風格截然不同的貴腐甜白酒

安茹與索米爾也是羅亞爾河唯一產貴腐甜白酒的產區，僅使用白詩楠葡萄（*Chenin Blanc*），因品種本身酸度較高，跟夏多內一樣屬中性葡萄品種，香氣不過於奔放，很能轉譯不同土壤與釀造風格。白詩楠葡萄可釀造氣泡酒、干白酒、甜白酒，當地最知名的貴腐酒產區是萊陽丘（*Coteaux du Layon*）與奧本斯丘（*Coteaux de l'Aubance*），萊陽與奧本斯分別是兩條小河的名字，前者以石灰岩土壤爲主，風格圓潤；後者是黑色片岩，其風格更具架構，酒色是深沉的金黃色，那富饒甜美濃郁如糖蜜的滋味，每口都是化進舌尖的交融感。

值得一提的是，安茹產區有種很特別的粉紅酒叫 *Cabernet d'Anjou*，如果你喜歡偏甜的葡萄酒風格，這是法國少數帶甜的粉紅酒產區。

三、圖漢產區（Touraine）

圖漢產區的主要城市是圖爾（Tours），四周圍繞羅亞爾河最知名的城堡，法國人擅長文化遺產再造，他們把羅亞爾河沿岸每座知名城堡都變成葡萄酒產區！比如雪儂梭堡葡萄酒（AOC Touraine-Chenonceaux）、昂布斯堡葡萄酒（AOC Touraine-Amboise）、雪維尼堡葡萄酒（AOC Cheverny）、希農堡（AOC Chinon），幾乎每座城堡都有自己的葡萄酒。2022 年，法國人在討論是否把香波堡也列為一個產區（AOC Chambord），我一開始還不太相信，直到法國朋友拿出他酒窖裡珍藏的香波堡葡萄酒，說這是他們支持香波堡的方式，我才了解法國人對遺產保護是很認真的。

法國人熱愛歷史遺產，經常在歷史建築裡舉辦活動，我參加過古羅馬劇院內的品酒會、廢棄教堂裡的品酒會、蒸餾廠裡的餐酒會等，但最讓我難忘且深刻的是夏日夜晚在雪儂梭堡的星空品酒會。夜晚漫步城堡大廳，任君挑選品嚐雪儂梭堡產區的所有葡萄酒款，

選中後斟上一杯，到戶外的法式城堡花園裡品酒、聆聽現場演奏的弦樂表演、欣賞滿天星斗與橫跨河畔的城堡倒影，還有什麼比這更浪漫的事呢？

圖漢除了眾城堡產區葡萄酒外，這裡最知名的氣泡與白酒產區為 Vouvray，紅酒產區則是 Bourgueil。由於偏處內陸，受大西洋影響較低，氣候偏乾燥，於是法國政府在 2014 年把馬爾貝克葡萄（Malbec）帶到圖漢產區，並給它取了個新名字叫 Cot，這是種皮厚、單寧強、果味濃郁深沉的品種。如果你喜歡濃厚風味的紅酒，可以選擇羅亞爾河圖漢產區，使用 Cot 釀造的紅酒。

四、中央產區（Centre）

中央產區位於羅亞爾河上游，屬於大陸型氣候，由於鄰近布根地，土壤中除了石灰岩以外，也有布根地北方產區夏布利常見的獨特土壤—— Kimmeridgian。中央產區雖隸屬羅亞爾河流域，種植的

葡萄品種卻與其他三個產區很不一樣，紅葡萄以布根地經典品種黑皮諾為主，白葡萄品種則是白蘇維濃（*Sauvignon Blanc*），另外也可以找得到夏多內、加美、夏斯拉、灰皮諾等品種。這裡知名的葡萄酒莫過於 *Sancerre* 和 *Pouilly-Fumé*，是羅亞爾河酒價相當高的子產區，羅亞爾河的最上游則是奧弗涅產區（*Auvergne*）。

如果有機會到法國旅行，你會發現法國的東西向交通很不方便，假設你想從里昂到波爾多旅行，沒辦法直線穿越，必須先北上到巴黎轉車再南下，之所以如此規劃，很大原因是法國中央是高原，稱為 *Massif Central*，這裡有座休眠火山，要穿越非常不容易。我曾在 2017 年從羅亞爾河開車穿越中央高原到南法，道路非常崎嶇蜿蜒且氣候變化快速，但因為交通不易，這裡仍保留著相對原始的葡萄種植與釀造方式。

人們在古老的休眠火山下種植葡萄，葡萄樹生長在玄武岩、浮石、鈣霞石等火山土壤或石灰岩土壤上，使得火山酒的風味特性帶有北投溫泉般的煙燻感。除了葡萄酒之外，這裡特產法國軟質牛奶起司 *Saint-Nectaire*，吃來有股迷人細緻的榛果氣息，搭配一杯奧弗涅產區的夏多內白酒，是私心最喜歡的搭配享受。

羅亞爾河的六個關鍵詞
1. 經典白葡萄品種為白詩楠（*Chenin Blanc*）。
2. 白詩楠葡萄可以釀造氣泡酒、干白酒、貴腐甜白酒，風格非常多元。
3. 這裡找得到法國少見的微甜粉紅酒 *Cabernet d'Anjou*。
4. 羅亞爾河流域有特級園：頂級貴腐甜酒產區 *Quarts de Chaume*。

5. 紅酒葡萄品種以卡本內弗朗（*Cabernet Franc*）爲主，此外也有 *Gamay*、*Grolleau*、*Pineau d'Aunis*、*Pinot Noir* 等。

6. 羅亞爾河流域找得到馬爾貝克葡萄，但在當地稱爲 *Côt*。

🍷 什麼台灣料理適合羅亞河葡萄酒？

羅亞爾河流域能選擇的葡萄酒種類實在太多元，前面有提到，氽燙清蒸類的生猛海鮮可以用南特產區的密斯卡岱（Muscadet）脆爽白酒搭配，加點薑絲更對味。

如果是甘鮮濃厚的菜餚，比如魷魚螺肉蒜，可選用過桶的白詩楠白酒，讓品種本身的酸度與陳釀層次風味帶出魷魚螺肉的鮮甜感，同時也具備解膩、讓人想一直扒飯的加乘效果。

若選羅亞爾河紅酒搭台菜，我建議挑選加美（Gamay）、果若（Grolleau）等果感豐沛又清爽的低單寧紅酒，不僅可接續魷魚螺肉蒜，搭配宜蘭櫻桃鴨料理也是一絕。

倘若今天的聚餐場合吃合菜，需要一支百搭酒的話，我會推薦羅亞爾河氣泡酒（Crémant de Loire）或微甜粉紅酒（Cabernet d'Anjou）。甜點時間別忘了開瓶羅亞爾河貴腐甜白酒，不管是芋泥甜點或炸湯圓，都能讓你清新地甜進心底。

Languedoc–Roussillon
朗多克、胡西雍產區

朗多克、胡西雍是法國地中海沿岸最大的葡萄酒產區，以其多元的地形分佈與暖陽而聞名。這兩個地區都有其獨特之處，在湛藍的地中海岸，漫步於古蹟城堡中，瞭望宏偉寬闊的自然景觀，品嚐色彩鮮豔分明的佳餚美酒，當地聚集許多富有天賦的新生代酒農，是值得挖掘的寶藏產區。

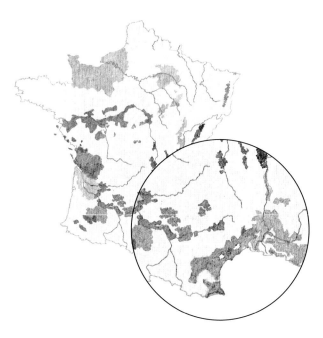

　　還記得，之前學習葡萄酒的時候，課本總把朗多克、胡西雍產區放在一起，就像雙胞胎，總讓人們分不清楚它們。因產區構成複雜，在課堂上經常被快速帶過，加上過去曾是個釀造大量低廉酒品的產區而被忽視。直到近年來，隨著越來越多年輕酒農進駐，投入更多原生品種的復甦，讓朗多克、胡西雍產區的葡萄酒特色越加鮮明，朗多克胡西雍是個歷史底蘊豐富，充滿拉丁民族熱情、色彩繽紛的產區。

現在你可以找到朗多克（Languedoc）與胡西雍（Roussillon）兩個分開的法國葡萄酒官方網站，雙胞胎總算有了自己的名字，他們長得很像，但是不一樣！

朗多克（Languedoc）

朗多克產區位於蔚藍海岸與中央高原之間，接壤普羅旺斯產區，這裡著名的法國城市是大學城蒙彼利埃（Montpellier），有名地標則莫過於卡爾卡頌城堡（Carcassonne）。朗多克產區的景色壯麗，雖不是綠草如茵，卻遍佈低矮灌木叢，市集裡販售貴桑桑的普羅旺斯香料，在這裡的鄉間田野隨手抓就是一把。

因為香草遍佈，讓朗多克地區的葡萄酒透著淡淡普羅旺斯香草氣息，迷迭香、鼠尾草、薰衣草最為普遍，據說是因為灌木生長在葡萄園旁，果實長時間接觸花草精油，長久下來沾染了獨特氣息，也是法國的風土哲學。

我每次拜訪朗多克產區時，幾乎都會順道去卡爾卡頌走走，這裡有座雄偉的城堡，規模大到有內外兩個城牆，每回開車經過都會為之震撼。城堡裡有間漂亮的米其林一星餐廳 La Barbacane，在裡頭用餐就像走入中古世紀。他們提供的平日午間套餐相當實惠，我每回都會點一杯 Blanquette-de-Limoux 當開胃酒，這是法國歷史最悠久的瓶中二次發酵氣泡酒，非常值得一試！我們都以為瓶中發酵源自香檳區，但其實香檳氣泡酒是很近代的發明，歷史上記載最古老的氣泡酒是中世紀時由聖伊萊爾修道院（Abbey of Saint-Hilaire）的僧侶發明。

故事是這樣的，僧侶們每年秋天會釀葡萄酒，裝在容器中保存至春天品

柯比酒莊（Domaine de Courbissac）

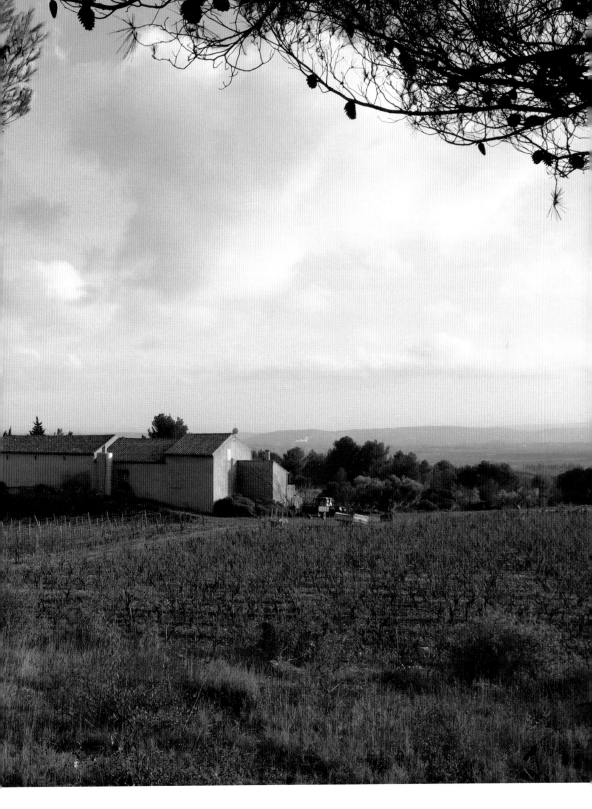

Languedoc-Roussillon 朗多克、胡西雍產區   生活裡的葡萄酒課－ 205

嚐，某年因為意外，讓留有過多殘糖的葡萄酒在瓶中過冬。隔年春暖花開之際，氣溫回升，酵母也跟著醒來在瓶中進行酒精發酵，持續產出二氧化碳到容器爆裂，僧侶才第一次品嚐到「有氣泡的酒」滋味。這個故事也在一份 1544 年的珍貴文獻中記載，甚至有歷史學家發現在英國也有相對應的資料，原來英國人愛喝氣泡酒，已經愛了幾百年啊！

朗多克產區地廣人稀，太陽盛情，1835 年鐵路開通後，人們抵達這裡時像是發現新大陸，因為地價便宜又平坦，聰明的人們動起腦筋，不如種植好賣錢的葡萄品種來販售吧！於是大量外來資金投入，拔除了當地原生葡萄品種，改種當時市場最火紅的國際葡萄品種，比如梅洛、卡本內、黑皮諾、夏多內等，這些葡萄品種在天氣炎熱的朗多克產區成熟非常快，再加上沒有進行好的產量控制，釀成的酒大多猛烈強勁，喝來沒有太多細節。原先因為價廉而大受勞工歡迎，但隨著葡萄酒產業發展，這裡的餐酒在二十世紀下半葉變得越來越難銷售，於是 1987 年修訂正名改為 Vin de Pays d'Oc，意為「奧克地區的酒」，帶有濃濃地中海的度假氛圍。

雖然「Oc」聽起來很像中文的「奧客」，但其實是源自地中海的語系詞彙，這也是為什麼歐舒丹會寫為 L'Occitane，因為 Oc 本身就帶有地中海風情意味，所以朗多克 Languedoc 的原始意義其實是 Langue-de-Oc，意指「講普羅旺斯話」。

簡而言之，朗多克產區因「奧克餐酒」，在法國人心中奠定了初階酒款的印象，最常在超市跟大賣場找到的葡萄酒，就是貼有金色標籤的「奧克餐酒」。但誠如前文提過的，每件事沒有絕對的好與壞，正是位於朗多克地區的葡萄酒與地價維持在非常可親的價格，才能讓現今許多嚮往釀酒的年輕人，有個新天地能注入才華與熱情。

圖中是柯比酒莊（Domaine de Courbissac）的穿越者紅酒，酒莊莊主用這款極富地中海色彩的紅酒搭配義大利烏魚子。

我在 2021 年第一次拜訪柯比酒莊（Domaine de Courbissac），迎接我的釀酒師布朗尼 Brunnhilde Claux 左手抱一個數月大的嬰兒，右手牽一個七歲大的兒子，當我正想稱讚兩個小孩可愛時，她立刻補充：「保母那裡還有一個。」

身為三個孩子母親的她，不僅要釀酒，還要照顧十九公頃土地的葡萄老樹，可謂上有小、下有老，我問她不累嗎？她笑說：「但我已經釀酒十幾年了，差不多就從妳這個年紀開始。」

她經營的柯比酒莊，其實原本不來自於她的家族，這片古老的土地原本屬於一位知名德國電影導演，布朗尼從年輕就非常嚮往釀酒，所以向南法的生物動力法先驅 Domaine Gauby 學習釀酒後，便加入這間自 2002 年便已實施生物動力法耕作的柯比酒莊。

古老物件最迷人之處，就是有故事。

老樹賦予葡萄酒特殊風味

布朗尼莊主致力復甦「朗多克原生葡萄品種」，而絕大多數的當地品種最初都是源自西班牙，因為更耐旱、更能適應朗多克產區的炎熱天氣。因此柯比酒莊仍種有超過七十年樹齡的 Listan 葡萄，這種源自西班牙安達魯西亞產區的品種，在當地別名為 Palomino，是使用來釀造雪莉酒的經典品種。

照顧老樹不是件容易的事，因為老樹更脆弱、更容易生病，再加上產量少，許多酒農為因應成本會將老樹砍掉。但事實是，老樹的根紮得深，能

深入土壤底層獲取需要的養分、礦物質與地下水源，反而更能適應炎熱乾燥的氣候。這也是為什麼柯比酒莊的葡萄酒，雖來自炎熱的朗多克產區，喝來卻能維持輕透明亮酸度的緣故。

我經常訝異於布朗尼莊主的釀酒功力，一年比一年透亮，從她 2014 年釀的酒垂直品飲到 2022 年，風格從傳統南法經典的飽熟風格，轉為更輕盈多汁的鮮美風味，酒精濃度甚至比羅亞爾河白酒還要低，幾乎有種溫室效應的時光倒流感，若盲飲很難猜出這是南法的酒。有次我們做桶邊試飲，品嚐用仙索葡萄（Cinsult）釀造的法拉杰紅酒（Domaine de Courbissac, Farradjales 2022），簡直驚艷！那細緻玫瑰花瓣與莓果氣息，綴有一絲番紅花香料感與精巧單寧質地，霎時以為品嚐的是侏羅產區的 Poulsard 紅酒。

布朗尼是我認識最溫暖、充滿對人與大自然關懷，又十分堅毅的女釀酒師，她的名字 Brunnhilde 源自北歐神話中的一位女戰神，如今我每每品嚐她做的酒，都會想起她在葡萄園裡採收、酒窖中忙進忙出的模樣，最近一次她告訴我正在籌錢，想在葡萄園周邊種更多的樹，希冀十年後能幫助未來的人們、能幫助朗多克產區走過逐年炎熱的氣候考驗。

自然派酒農雖然釀的是過去風格的酒，卻未雨綢繆更多未來。我想，返璞歸真是面對世界快速流動與變化時，以不變應萬變的最好方式。

胡西雍（Roussillon）

胡西雍產區是比鄰西班牙的產區，以庇里牛斯山作為兩國之間的天然屏障，這裡在歷史上曾屬加泰隆尼亞公國，因此仍保有相當豐富的加泰隆尼

亞文化，要怎麼感受一個地區的歷史呢？最好的方式，就是去他們的市場吃特色菜！當地人吃什麼、出產什麼作物、怎麼吃、搭配什麼？只要去一趟市場就能略知一二。

　　如果你想深度體驗胡西雍文化，拜訪當地主要城市佩皮尼昂（Perpignan）時，可以去他們的中央市場走走，會發現當地特色菜和在巴塞隆納吃到的有很多相同之處，比如烤蝸牛（La cargolade）、包心菜燉豬肉（L'ollada）、糖霜甜餅（La rousquille）等，都是經典的加泰隆尼亞菜餚，還有不可少的 tapas、tapas、tapas！滿滿西班牙風情～

　　既然料理深受加泰隆尼亞文化影響，葡萄酒也會與之對應，我在當地拜訪酒莊時，經常發現加泰隆尼亞經典葡萄品種 Macabeo、Xarel-lo，這些品種在西班牙被廣泛用來釀造氣泡酒 Cava，但是當他們來到法國胡西雍，就成了兼具法國葡萄酒架構與西班牙奔放靈魂的風味。簡單來說，在法國胡西雍產區用西班牙品種釀的酒，給人第一印象是奔放多彩，但多喝幾口、仔細觀察後會發現：「啊！其實內心還是有法式嚴謹的紅酒性格～」

　　胡西雍產區除了加泰隆尼亞文化外，還有一個非常特色的葡萄酒產區叫 Banyuls，在當地是個度假勝地，葡萄園比鄰海灘種植，許多西班牙人會來這裡度假。這當中有些是天體沙灘，很多人來這裡健康地感受大自然。我的三十一歲生日就是在那裡的天體沙灘首次體驗裸泳，聽起來好像很有勇氣，但我怎麼可能這麼有膽量呢？所以刻意挑太陽下山後才下水，白天被太陽曬得暖呼呼的地中海水非常舒服，是很健康的體驗，就跟日本人泡溫泉一樣，若有機會不妨拜訪歐洲天體海灘體驗看看。

Banyuls 除了天體沙灘度假勝地，是生產加烈甜酒（Vin Doux Naturel）的知名產區，做法是把酒精濃度極高的蒸餾酒加進正在發酵的葡萄汁，由於高酒精濃度會殺死酵母，讓酵母無法繼續把糖分吃完，所以葡萄汁裡的殘糖就自然保存在酒裡，成品是 16 ～ 18% 酒精濃度且帶有豐富甜潤感的葡萄酒類型。

釀造 Banyuls 加烈甜酒的葡萄品種，以多汁果感的葡萄品種格納西（Grenache）為主，有些酒莊會導入西班牙 Solera 陳釀方式，發展出深沉濃郁帶有煙燻堅果的濃情巧克力風味，充滿迷幻感，喝一口果真很有西班牙夏日戀情的感覺。提供給大家最佳蜜月產區行程，美酒、美食、沙灘都有了，請不要錯過這個戀愛聖地喔。

如何挑選朗多克、胡西雍葡萄酒？

朗多克、胡西雍的葡萄酒，絕大多數為多品種混釀，原因是這裡氣候較為極端，每一個品種在每一個年份的表現力可能不同，混釀的方式可維持酒款風味的和諧與平衡性。

由於這是廣大的產區，如果完全沒有人推薦介紹，想自行透過酒標購買的話，可以預期該產區葡萄酒大多飽滿濃郁，擁有較為炙熱的果香風味，比如櫻桃果醬、烤杏桃等充滿光與熱的味道。若是好的朗多克、胡西雍葡萄酒，極有潛力找到濃郁與酸度平衡極佳的酒款，是值得探索尋寶的優質新星產區。

🍷 什麼台灣料理適合朗多克、胡西雍葡萄酒？

朗多克、胡西雍產區的葡萄酒大多飽滿濃郁，在餐酒搭配上，特別適合重口、辛香十足的料理，比如東坡肉、三杯雞、蒜味田雞等。而加烈甜酒 Banyuls，除了是巧克力、甜芝麻湯圓的靈魂伴侶外，經一定時間陳年的頂級 Banyuls，其鮮味密度高，特別適合搭配用金華火腿長時間燉煮的煲湯，只需要一點點，Banyuls 酒中的甜味就會將煲湯中的鮮味放大很多倍，有機會請一定要試試。

胡西雍 Banyuls 酒桶。

Provence
普羅旺斯

普羅旺斯是美好生活的代名詞，承載了人們對於田園生活的嚮往。普羅旺斯的葡萄酒產區反映了這些美麗元素，有陽光、普羅旺斯香草、蔚藍海岸，讓這裡的葡萄酒，尤其是粉紅酒，漾著令人喜愛且渾然天成的悠閒渡假氛圍。

　　南法有許多美麗風景，不僅是大家熟知的薰衣草和蔚藍海岸，南法還有葡萄酒、有美食、有山、有海、有藝術，有太多可以分享的故事，我在 2017 年底因工作搬到普羅旺斯，常駐後深深愛上這個彼得梅爾筆下的山居歲月。

　　西元前 121 年，古羅馬人來到南法，將這片土地稱之為「我的領土（Provincia）」，成為如今我們熟知的普羅旺斯（Provence）。這裡的地理位置優越，鄰近西班牙、義大利和北非，所以普羅旺斯展現了多元文化

的色彩，記得第一次去普羅旺斯市集時，就被五花八門、讓人目不暇給的小販們所驚豔。

你能看到各式口味的漬橄欖、羊奶起司，因為鄰近阿爾卑斯山，還能找到高山牛乳起司；用豪邁塑膠桶裝的新鮮橄欖油、堆得如小山高的大蒜，豐富魚獲如海膽、烏魚子、生蠔，甚至用來做馬賽魚湯的各種小魚；當然還有來自北非的異國香料、外型壯碩且色彩鮮艷的蔬菜、熱帶水果、風乾薰衣草束、香草束等，逛一圈市集就像繞了地球半圈，在市場裡聽得到各種語言，還有各種口音的法語。

南法之所以有這麼多美食，不外乎是受陽光普照，每每從北法開車南下，只要一過瓦倫斯（Valence），就是一望無際的晴天艷陽，農產品豐碩飽滿，好的食材造就美味食物，這就是普羅旺斯的日常。

在南法，若你問當地人：「普羅旺斯的確切位置在南法哪裡？」大家肯定眾說紛紜。但若你問當地人：「普羅旺斯葡萄酒產區在哪裡？」這就有肯定答案了！普羅旺斯葡萄酒產區從蔚藍海岸，一路延伸到梵谷故居聖雷米一帶，分為普羅旺斯丘（Côteaux de Proevnece）、艾克斯普羅旺斯丘（Coteaux d'Aix-en-Provence）和普羅旺斯瓦華丘（Coteaux Varois en Provence），當中有許多小村莊，就像普羅旺斯許多知名的山城，是被葡萄園環繞的靜謐小徑。

浪漫色澤的普羅旺斯粉紅酒

說到普羅旺斯葡萄酒，大家肯定會直接聯想到夏日的浪漫粉紅酒，粉紅酒是歷史記載最古老的葡萄酒種。早在公元前 600 年，古希臘人就已經將

Provence 普羅旺斯

第一株葡萄樹從馬賽帶到了南法，當時古希臘人釀造的葡萄酒，沒有特別區分紅葡萄與白葡萄，而且果汁與果皮接觸時間不長，所以色澤偏淡，可以說古希臘人早在西元前就不知不覺中釀造發明了粉紅酒。

　　如今的普羅旺斯粉紅酒，絕大多數採直接榨汁的方法進行，讓紅葡萄皮和果汁做輕微且短時間的浸泡萃取，色澤淡淡的玫瑰金，倒在酒杯裡甚是好看，讓人們到蔚藍海岸度假時，無不想來一杯清爽的普羅旺斯粉紅酒。

　　除了粉紅酒之外，普羅旺斯也產紅酒與白酒，最知名的菁英產區莫過於邦朵爾（Bandol），距離馬賽與地中海峽灣不遠。邦朵爾葡萄園座落在蔚藍海岸山腰上，受艷陽、海風與石灰岩土壤影響，這裡的紅酒大多飽滿紮實，架構中兼具海洋風情，邦朵爾的粉紅酒以其陳年潛力聞名，豐富果香點綴清新酸度，搭配一份滋味鮮美的馬賽魚湯，真的讓人很滿足。

普羅旺斯居民傳統慶典。

距離邦朵爾不遠，與之比鄰隔著峽灣的另一個優質產區是卡西斯（Cassis），出產的白酒具備極好的地中海風情，由於氣候炎熱，酒莊大多會在混凝土釀酒槽壁貼磁磚散熱，為鎖住酒中的花果香與酸度，普羅旺斯葡萄酒幾乎都是清晨採收、全程採溫控發酵，並混釀自帶高酸度的葡萄品種，例如 Roll（又稱為 Vermentino）。

每年二月在地中海沿岸會舉行海膽節（Les Oursinades），若去海產店享用新鮮海膽，我私心最喜歡的搭配就是卡西斯白酒，但是這個產區的產量極少，幾乎只供當地人享用。問了酒莊何故，他說蔚藍海岸地價高漲，與其種葡萄釀酒，倒不如把地剷平蓋房更來得划算，若想一親這兩個產區的葡萄酒芳澤，那麼肯定要來一趟普羅旺斯。

普羅旺斯人讓食物變好吃的秘訣

來到普羅旺斯，你會發現橄欖在生活中俯首皆是。根據普羅旺斯人的說法，橄欖樹極其好種，只要一小段橄欖枝，落地就能生根，因此普羅旺斯人家的院子裡大多種了橄欖樹，連院子裡的盆栽都能種。普羅旺斯人嗜橄欖油，不管吃什麼都加橄欖油，食材烹煮不需要複雜，即使水煮蘿蔔、青花椰、蘆筍等，只要一點鹽巴和橄欖油，就是普羅旺斯人口中的美味。

而這種嗜好似乎具傳染性。有回和前德國同事去義大利披薩店午餐，席間也邀請她的奧地利和法國友人，加上台灣的我，有點像聯合國會議，為加速上餐速度趕下午的班，大家有志一同地點了同樣的披薩。餐還沒來，德國同事就熟練地招來服務生：「請給我們橄欖油，謝謝。」

披薩上桌後第一件事就是在披薩上淋橄欖油，當德國人、奧地利人和法國人都淋了一圈後，她們狐疑地看著我：「台灣人不淋橄欖油嗎？」淋上橄欖油的披薩的確美味極了，配上滿滿芝麻葉，完全停不下來，我們一桌德國、奧地利、法國和台灣的女士狂嗑猛吞披薩，吃完後還要用麵包抹盤，把橄欖油擦得一滴不剩。

但是從小在台灣長大的我，接觸橄欖油機會實在不多，真正第一次讓橄欖油進入我生活且愛上的契機，是去山羊牧場買起司。春天是羊寶寶誕生的季節，初生羊犢的羊媽媽會產新鮮羊奶，因此春天是享用新鮮羊奶起司的最好時節（秋天也有一回，一年兩胎），知門路的在地人通常都會直接找牧羊人買，不止價格合宜，新鮮度與品質也是無可比擬。

農場裡住著一位牧羊女，專門照料小羊和製作起司。通常一進到牧場就會被小羊們圍住，對著你咩咩叫、跟著你到處跑，吸吮你的鞋帶、背包上的流蘇還有你的手。小羊生活在大自然牧場裡，因此不需上山趕羊，擠好的新鮮羊奶直接在農場裡頭隔離的無塵室中製作。這位牧羊女做的起司非常美味，幾乎不需向外兜售，熟門熟路的普羅旺斯人會開車到深山裡找她買。這種羊奶起司叫做 Chèvre des Alpilles，大小像圓型粉餅盒，維基百科上說這種起司必須是直徑六公分、厚兩公分（法國人對起司很堅持的），新鮮羊奶起司色澤乳白、口感軟綿、入口即化。放在通風處陳年後會逐漸變硬，發展出更濃郁的羊奶氣息。

為了好好品嚐從牧場買回來的新鮮起司，我買了新鮮的長棍麵包、初榨橄欖油，還去酒窖挑瓶普羅旺斯白酒。普羅旺斯雖以粉紅酒為主，但這片種滿向日葵與薰衣草的田地，也生產許多高品質的清新白酒。普羅旺斯有許多迭起的山丘，稱不上是高山，但足以形成坡地，西側以石灰岩為主，

東側則屬片岩，少部分地區則擁有火山土壤。

　　這裡氣候較炎熱，清爽解渴自然是第一要素，這也是爲什麼普羅旺斯大多生產干型粉紅酒、白酒皆屬於酸度較高的清爽類型，再加上普羅旺斯靠海，能搭配海鮮也是原則之一。這天我搭配的是普羅旺斯丘的白酒，採用100% Rolle，在不鏽鋼槽自然發酵裝瓶，呈現柑橘香氣主導與細緻花香氣息，在舌上有微氣泡感，尾韻綴上一絲礦物感回甘，和羊奶起司的搭配非常契合。

　　普羅旺斯在地人的吃法相當簡單，就是將羊奶起司抹在長棍麵包上，然後淋新鮮橄欖油，或是豪邁一點，直接把起司浸在橄欖油裡。這道菜雖然零廚藝，卻好吃得讓人想翻白眼，感受起司與橄欖油在嘴裡的水乳交融。

　　新鮮橄欖油自帶鮮活的植物香氣，因爲橄欖是種水果，在南法經常會用果味來形容，不過對我來說，它更像是種飽滿到垂涎欲滴的植物氣息，尾韻帶有個胡椒刺激感，補足新鮮羊奶起司在味覺上的層次，再飲一口酸度沁爽多汁的普羅旺斯白酒，讓這份果香在舌腔內延續…。從此我愛上橄欖油佐餐，不管是什麼蔬菜，只要一點橄欖油、一點鹽巴，就是最天然的美味。偶爾週末時刻，我會買顆羊起司和一瓶白酒犒賞自己，沐浴在和煦陽光下享受普羅旺斯的美味。

如何挑選普羅旺斯葡萄酒？

　　在台灣找到的普羅旺斯酒款多數以粉紅酒為主，有些粉紅酒走清新易飲的風格，有些酒莊希望做得有層次，而讓酒液與酒泥做接觸，甚至會在橡木桶中陳年以增加厚度。**一般來說，粉紅酒的色澤越深，通常酒體跟果味也越飽滿，反之則越清爽。**

　　近年來，在普羅旺斯也開始使用陶甕釀成的粉紅酒，風味更加豐富多采，建議大家可以放寬心多方嘗試，說不定能找到合適自己的粉紅 *Mr. Right*！

什麼台灣料理適合普羅旺斯葡萄酒？

　　大部分亞洲菜都滿適合搭配粉紅酒的，尤其在紅白酒拿不定、合菜道數又很多的狀況下，選支粉紅酒是個介於紅白之間的好選擇。

　　普羅旺斯粉紅酒風格大致分成三種調性，一種是甜美浪漫感，通常是以玫瑰草莓香氣主導，喝來輕鬆圓潤；一種是辛辣個性感，走明顯的辛香料氣息，酒體會再飽滿一些，架構十足；還有一種則是過桶的高級粉紅酒，特意做出能夠搭配精緻料理的層次渾厚風格。

　　這三種都適合不同類型的台菜，可以用辛香料感明顯的粉紅酒作為開場，搭配熱炒類型的小菜；中場用輕鬆圓潤浪漫感的粉紅酒調劑，搭配海鮮料理；最後用過桶有層次的粉紅酒搭配飽滿型的濃郁菜餚，就完成一桌令人滿意的粉紅酒大餐。

Vallée du Rhône
隆河流域

隆河流域是法國最古老的葡萄酒產區之一，沿著隆河延伸到地中海，這裡有古羅馬人開墾最為古老的陡峭梯田葡萄園，南北隆河葡萄酒產區樣貌自成一格。由於鄰近美食之都里昂、藝術之都亞維農，歷史文化色彩鮮豔分明，是相當值得深入探尋的經典優質產區。

隆河流域泛指隆河（Rhône）流經的葡萄酒產區，隆河長約 812 公里，從海拔兩千公尺的瑞士阿爾卑斯山開始流經里昂、亞維農、亞爾到地中海，梵谷曾在亞爾畫下隆河畔的星空（Starry Night Over the Rhône），這是條富饒之河，為里昂紡織之城到地中海貿易的商業渠道，灌溉了普羅旺斯河畔兩側的葡萄樹與果園。世界著名的教皇新堡、亞維農教皇宮、曾肆虐歐洲的根瘤蚜蟲菌，都與這條河流有關，而我目前居住的酒莊位置，就位於南隆河產區的瓦給拉斯（Vacqueryas）。

隆河流域又分為北隆河與南隆河，與其說是雙胞胎，更像對個性截然不同的兄弟。北隆河是大陸型氣候，乾冷、以火成岩為主、地勢陡峭，就像個性格耿直堅毅不拔的哥哥，這裡絕大多數酒款以單一品種為主。而南隆河則是夏乾冬雨的地中海型氣候，烈陽颶風氣候極端，沉積岩、平坦谷地，像個情緒起伏外顯但活力四射的弟弟。南隆河以各式各樣的葡萄品種混釀著稱，最有名的混釀配比為 GSM（格納西 Grenache、希拉 Syrah、慕懷維特 Mouvèdre 等三個葡萄品種的縮寫），這個搭配組合甚至揚名海外，在法國的對角線國家——澳洲發揚光大。

隆河流域的產區分級制度，也跟法國其他地區很不一樣，大致分成三個等級：大區級（Côtes-du-Rhône）、村莊級（Côtes-du-Rhône-Villages）、特級（Cru）。

簡單來說，不管南北，只要是隆河流域範圍裡釀造的葡萄酒，都可被列為大區級；接下來特定村莊的酒，會被分為村莊級；當該村莊的酒品質極高，值得被更多人記住名字時，就會被列為特級，比如羅第丘(Côte-Rôtie)、艾米塔吉(Hermitage)、瓦給拉斯(Vacqueryas)、吉貢達斯(Gigondas)等，所以我們才會在酒標上看見這些村莊的名字。接下來為大家更細節地分享南北隆河的產區故事。

北隆河（Rhône Septentrional）

北隆河最北端城市是維埃納（Vienne），最南端則為瓦倫斯（Valence），若從里昂（Lyon）搭高鐵到南法，肯定會經過這段沿途均為陡峭葡萄園的壯麗景觀。

最初是古羅馬人將葡萄樹帶到這裡，為了能在坡地上種植葡萄，北隆河發展出相當獨特的種植方式稱為 échelas，從外觀上很好分辨，就像根木棍插在葡萄園裡，讓葡萄樹倚順著攀爬，這種做法能夠讓葡萄樹享受到更多陽光、適應陡峭葡萄園坡度。

這裡的土壤絕大多數以花崗岩和片岩等火成岩為主，大家可以想像種植在這類型土壤上的葡萄，本身風味具有較為堅硬剛強的質地，產區越往南，土壤便混合較多沉積岩，比如石灰岩、鵝卵石等，整體來說，北隆河流域紅酒的陳年潛力是極高的。

北隆河紅酒清一色品種為希拉（Syrah），白酒則以維歐尼耶（Viognier）、瑚珊（Roussane）和瑪珊（Marsanne）為主。這裡有個特殊的釀酒文化，是將希拉與少許白葡萄混釀成紅酒，有一說是白葡萄酒能帶來更好的清新度，另一說則是北隆河產區葡萄園陡峭、產量少，有時不得不將紅白葡萄混釀，長久以來就發展出這裡的獨特釀酒文化。

每年冬天在北隆河流域的盛事，就是位於羅第丘（Côte-Rôtie）的酒展 Marché aux vins d'Ampuis，酒迷都會在這天相聚，品嚐所有北隆河頂尖酒莊的作品，酒展位置就在積架酒莊（Guigal）城堡旁，那是個很獨特的體驗。雖然時間在氣溫凍到不行的冬末，但全部人擠在展會裡紛紛舉杯，想飽嚐北隆河美酒的心讓空間溫暖無比。北隆河紅酒的萃取時間長，一整個展會試酒下來，每個人的牙齒都會被染成赤黑色，大家笑起來詭異又逗趣，午餐時間再去一旁餐車點份道地的里昂小酒館三明治，配個炸豬油酥，吃得滿嘴油簡直大快人心。

北隆河產區有個很特別的產區，是 1936 年被列入產區分級的 Château-Grillet，這個產區是全法國最小的產區，只有 3.5 公頃，且生產者也只有一間同名酒莊，就叫 Château Grillet。產區名等同酒莊名的情況相當罕見，葡萄園座落於古羅馬時期流傳至今的石牆露台，乍看有些像台灣的茶樹梯田，且爲單一品種維歐尼耶（Viognier），這是個香氣奔放的葡萄品種，聞來就像花束揉合飽熟多汁的水蜜桃、西洋梨風味，通常酒精濃度較高且質地油滑，是很有存在感的葡萄品種。北隆河傳統是該品種在橡木桶中陳釀，架構龐大兼具土壤的清脆酸度，需要陳年以帶出細緻感。

我最喜歡的北隆河產區爲聖佩雷（Saint-Peray），葡萄品種以瑪珊（Marsanne）和瑚珊（Roussane）爲主，尤其是瑪珊葡萄，經常帶有蜂蜜與哈密瓜的甜潤感並帶有脆爽酸度，在風味上十分令人回味。聖佩雷同時也是個氣泡酒產區，極爲少見，卽便在法國都很少能覓得，大家有機會找到的話不妨一試，小衆產區的酒款往往有令人耳目一新的感受。

南隆河（Rhône Méridional）

南隆河產區從法國牛軋糖之都——蒙特利馬（Montélimar）往南，最南端至亞維農（Avignon）、尼姆（Nimes）一帶，當你搭乘火車過蒙特利馬後，就會發現地勢變得平緩，漸漸出現薰衣草田，因爲南隆河產區可說是正式進入了地理區域的普羅旺斯。

南隆河知名產區莫過於教皇新堡（Châteauneuf-du-Pape），法文直譯就是教皇的新城堡，之所以稱爲「新堡」，因爲這裡確實是中世紀時，教廷自義大利羅馬遷移至亞維農，教皇克萊蒙五世（Clément V）爲了度假，在距離亞維農近郊十餘公里處建造的夏宮，位置就在教皇新堡這片平原的

制高點。這位克萊蒙五世教皇來自波爾多，也因此將葡萄酒文化帶到教皇新堡，讓這裡的葡萄酒釀造產業更爲盛行。

由於這裡產的酒被當地人稱爲「教皇喝的酒」，長久以來累積相當良好的聲譽，故越來越多人爲販售教皇新堡葡萄酒而魚目混珠。於是，一位來自蒙彼利埃的律師（同時爲教皇新堡酒莊 Château Fortia 的女婿），在捍衛教皇新堡葡萄酒名譽的使命下，運用律師的專長來解決問題，就是制定產區規範，此爲法國原產地命名控制（AOC, Appellation d'Origine Contrôlée）的由來，有點類似商標法概念，簡單來說，只有教皇新堡區域範圍內種植的葡萄，遵守特定方式釀造，才能在酒標上註明「教皇新堡」。這雖然在現代是相當普及的觀念，但在二十世紀卻是個創舉，甚至影響了全世界。除了教皇新堡之外，同樣在 1936 年被列爲 AOC 的產區，還有侏羅的阿布瓦爾（Arbois）、普羅旺斯的卡西斯（Cassis）和西南產區的蒙巴茲亞克（Monbazillac）。

崇尚自由的法國人，在克服萬難訂定產區規章後，僅維持不到一百年，就開始有越來越多新派酒農跳脫產區規範，釀造打破常規的地區餐酒，尤其是家族酒莊的世代交替，經常出現和上一代想法不同的糾結與掙扎。

我時常在葡萄酒裡「品嚐到」世代對話。

祖父輩、父輩、子輩的葡萄酒風格均不相同，時間改變了人們看待葡萄酒的方式，就像宿命一般。台灣也有許多青農，用不同於上一輩思考方式爲家鄉注入心血、創造新的火花，每個世代都有其價值觀與考量，理性與感性似乎總在天平兩端，但我認爲這不是對立，而是欣賞多元之美的能力。這些新生代酒農大多聚集於 Ardèche 地區，這裡有許多以沉積岩爲主

的古老岩洞，以及許多品質極佳的自然酒，是相當值得挖寶並且深受當地人喜愛的秘境產區。

南隆河的葡萄酒多以混釀為主，原因是氣候極端，無法確保特定葡萄品種的穩定收成。這裡夏季乾燥，一旦下起雨便是毫不客氣的狂風暴雨，此外還有一種吹到令人頭痛的北風，稱為密斯特拉風（Mistral），極為強勁且凍得刺骨。但也正因為是這樣的北風，會將雲朵吹散，讓南隆河絕大多數的日子都是萬里無雲的湛藍天空。

獨特氣候造就前面章節提過的──經典葡萄品種格納西（Grenche）的種植方式，以低矮樹形傘狀方式剪枝，稱為 Goblet，乍看就像座傘，樹葉能為葡萄遮蔭，同時避免樹枝被強勁的密斯特拉風吹斷。冬天時秋葉落下，一棵棵葡萄樹就像土裡長出的手，酒農笑說這是「惡魔之手」。

南隆河經典混釀配比是 GSM，即格納西（Grenache）、希拉（Syrah）、慕懷維特（Mouvèdre）等三個葡萄品種。格納西帶來多汁果感與酒體，希拉有著濃郁水果與辛香氣息，慕懷維特則是肉感與單寧架構，每個品種都在裡頭扮演其角色，我總把這暱稱為法國紅酒的「三杯雞」，就像醬油、米酒、香油，三杯各為這道菜帶來獨特風味，也是足以傳承世代的記憶美味。

教皇新堡葡萄園。

如何挑選隆河流域葡萄酒？

　　隆河流域的葡萄酒，大多會有特殊鐫刻瓶身，故不難辨認，尤其是南隆河產區的紅酒，幾乎都有頂教皇的帽子。我有時在想，二十世紀的法國人之所以如此迷戀教皇新堡紅酒，是否就跟我們台灣人喜愛媽祖聖水，覺得喝了有保庇一樣呢？哈，這有點題外話了。

　　若初次嘗試隆河流域的紅酒，我推薦從大區級開始，體驗經典 *GSM* 的三杯風味，若是覺得合口味，則可進一步嘗試進階產區的葡萄酒。要知道南隆河產區的紅酒，絕大多數以格納希葡萄為主，能預期是以成熟水果主導的風味，尤其近年天氣炎熱，飽滿圓潤厚實是南隆河產區的風格，陳年後的格納希紅酒經常出現黑松露的蓬鬆氣息（事實上也很搭配南法冬季盛產的黑松露！）。

　　若是北隆河產區，則建議挑選陳放至少三年以上的酒款，北隆河的酒單價通常較高，預算可以稍微抓得多一些，入門者想嘗試北隆河紅酒，可以選擇 *Crozes-Hermitage* 這個產區，經常能用合理價格買到不錯的酒款。

　　希拉這個品種雖然在南北隆河都有，但是到了天氣炎熱的南隆河時，經常會有種「肉味」；緯度或海拔較高、位於氣候涼爽產區的北隆河希拉葡萄，則有個清甜的紫羅蘭花香，在台灣很少見到紫羅蘭花，聞起來有點甜甜的，綜合玫瑰、牡丹與一點藍莓的氣息。

南北隆河都有產甜酒，而北隆河艾米塔吉（Ermitage）還有珍貴的「風乾葡萄酒」，即 Chapter2 介紹過的麥稈酒（Vin de Paille）」。南隆河則有一種特殊的麝香葡萄加烈甜酒（Muscat de Beaumes-de-Venise），使用果渣蒸餾白蘭地加入麝香葡萄汁以終止發酵而釀成，酒精濃度較高，經常是南法人餐桌上酒足飯飽後的甜點消化酒（甜酒釀造法介紹也在 Chapter2）。

🍷 什麼台灣料理適合隆河流域葡萄酒？

真心覺得南隆河的 GSM 紅酒很適合搭台灣的三杯雞，尤其因為成熟度高的葡萄，經常帶有一種獨特鮮味。釀成紅酒陳年後所帶出的烏梅回甘氣息，十分搭配有醬香味的家常菜，比如東坡肉、滷豬腳、肉燥飯、紅燒獅子頭等，尤其適合怕酸的朋友。隆河產區的紅酒絕大多數果味豐富，帶有甜甜果實感的格納希葡萄是最佳選擇。

若是北隆河葡萄酒，我會選擇白酒來搭配小籠包等滋味豐富的麵點，因酒體較為飽滿且大多帶有清脆的礦石酸度，或是搭配破布子蒸魚也是個好選擇。

Jura, Savoie, Bugey

侏羅、薩瓦、布傑

即便在法國當地，都不見得能一親芳澤的小眾精英產區。侏羅以其帶有特殊風味的黃酒聞名；薩瓦位於阿爾卑斯山區，擁有高山冷冽的空靈之氣；而布傑，近年聚集了微型自然派釀酒師，是值得探索的秘境。

　　法國有許多隱藏小產區，經常是愛酒人的夢幻逸品，如果你也喜歡小眾葡萄酒，那麼就不可錯過這三個迷你產區：侏羅（Jura）、薩瓦（Savoie）、布傑（Bugey）。

侏羅（Jura）

侏羅產區鄰近布根地，因產量極少、酒質精良、充滿個性，是近年來布

根地酒迷的神聖尋酒地。我認識一位在布根地的酒窖老闆，時不時就開車去侏羅產區蒐酒，一次獲得的配額大多是三到六瓶不等，就可知道該產區即便是在法國當地，都是好酒一瓶難求。

侏羅當地盛產一種特殊的葡萄酒，稱為黃酒（Vin Jaune），風味有點類似我們所熟知的花雕與紹興酒，釀造方法也相當特別，黃酒只能使用薩瓦涅白葡萄（Savagnin），先以傳統釀造白酒的方式進行酒精發酵，接著被放入橡木桶中。

在這個階段，酒農會刻意不將酒桶添滿，也就是說在酒桶裡刻意留下讓酒液跟空氣接觸的空間，侏羅空氣中的特殊酵母在酒液上形成一層酒花覆蓋（酒花是西班牙雪莉產區的特殊說法，法文為 Le voile，直譯為「面紗」），會保護葡萄酒避免氧化並賦予其獨特香氣。有趣的是，這層面紗是活的，會持續與被覆蓋在底下的葡萄酒做接觸，所以是個動態而持續的發展過程，風味因此不斷演進。據說這種特殊酵母只存在特定產區，倘若在法國侏羅以外的產區仿效同樣做法，是釀不出同樣黃酒風味的，這需要一種只存在當地、我們眼睛看不見的酵母才有辦法完成，所以是種非常具代表性，足以呈現侏羅風土的特殊酒款。

真正的黃酒必須在侏羅當地酒窖內陳釀七十五個月（六年又三個月）才能裝瓶銷售，所以 2023 年裝瓶的是 2016 年份的葡萄酒，等待時間緩而長，這也是侏羅黃酒珍貴的原因。根據法律規定，一律只能使用 620 毫升的酒瓶裝瓶黃酒，缺少的那 130 毫升酒液，是這六年又三個月揮發掉的葡萄酒容量，法國人浪漫地稱之為「天使之分（La part des anges）」，意思是天使也想要喝酒分額，但我比較務實，認為這是天使的酒精稅。

從夏隆堡（Château-Chalon）眺望侏羅產區。

每年黃酒新年份的首發日，是在二月的第一個週末，這天會在侏羅首府城市阿爾布瓦（Arbois）舉辦盛大的黃酒慶典：Percée du vin jaune，這是自 1997 年延續至今的傳統，不僅可搶先品嚐當年度新裝瓶的黃酒，大啖侏羅當地的特色菜餚，搭配當地最出名的康提起司（Comté），還能參與老年份的黃酒拍賣會。所以如果你熱愛黃酒，一定要去參加這個節慶，喝黃酒吃席！

侏羅產區不只有黃酒，也有一般的白酒、紅酒、氣泡酒（Crémant du Jura），白酒常見的葡萄品種爲夏多內、薩瓦涅，紅葡萄則爲普薩（Poulsard）、圖索（Trousseau）、黑皮諾（Pinot Noir）。由於侏羅當地的土壤類型相當特殊，以石灰岩和泥灰岩爲主，且擁有豐富的海底化石，因此礦物質地顯著，讓這裡的酒天生有種特殊的神秘煙燻調性。

我曾經爲了拜訪侏羅酒莊，到附近的小村莊住了整整一週，接待我住宿的 Pierre 與 Mady 夫妻是當地人，他們帶我到處拜訪，看到許多微型酒農，因產量稀少所以幾乎都不外銷，當地人自己喝，這裡的「外」不是指出口到他國，而是指侏羅以外的地方。2022 年受俄烏戰爭影響，玻璃等原物料大減，工廠暫停生產侏羅產區的特殊酒瓶，酒農幾乎找不到可以裝瓶的容器，不得已只能收購使用過的侏羅特殊瓶清洗後使用，或改用一般形狀的酒瓶來盛裝。

住在侏羅的那週，幾乎每天餐桌上都會出現康提起司，這是侏羅人的驕傲，黃酒與與牛肝菌雞是當地經典菜餚，搭配一杯美味的侏羅白酒，總令人想起那年冬天的回憶。

如何挑選侏羅葡萄酒？

在侏羅產區，除了前文提到的黃酒之外，如果你到當地想買一瓶白葡萄酒，酒農一定會問你一句話：「你想要無添桶（*sous voile*）還是添桶（*ouillé*）？」

無添桶白酒（*sous voile*），是指在「未裝滿」橡木桶中陳年的白酒，因酒桶未裝滿，酒液上層會覆蓋前文提到的面紗（*Le voile*），但陳釀時間比黃酒短得多，所以風味會介於一般白酒與黃酒之間，兼具脆爽果香與榛果、杏仁、肉桂、香草等氧化型風味。

添桶白酒（*ouillé*）則是在「裝滿」酒桶中陳釀的白酒，不會歷經特殊酵母氧化的釀造過程，風味跟一般白葡萄酒類似，有的甚至會在不鏽鋼槽中發酵以保留其清脆質地，如果你初嚐侏羅白酒，不妨先從 *Ouillé* 開始體驗。

侏羅產區的紅酒，大多數會在瓶身標示品種，圖索（*Trousseau*）較普薩（*Poulsard*）濃郁且富有架構，果感也以深色水果如黑櫻桃、桑椹等漿果主導。相對來說，普薩的調性較輕盈婉約，以紅色水果如草莓、覆盆莓為主，有點類似薄酒萊加美葡萄的風味。

什麼台灣料理適合侏羅葡萄酒？

提到侏羅葡萄酒適合的料理，那肯定是秋天吃螃蟹之際。侏羅葡萄酒特殊的氧化風味調性總令人聯想到花雕，搭配螃蟹油飯真是吮指回味，再加

侏羅產區的自然派酒莊莊主 Kevin Bouillet。

上中餐大多口感圓潤，常以高油爆炒的烹調方式，這讓侏羅的酒款能以相當好的生津酸度與收斂性來中和油膩感。此外，中菜裡的羹湯類，比如佛跳牆、魚翅羹等，也都相當適合。

住在侏羅的時候，我也嘗試做蒜香蔥爆蝦給法國人吃，料理時用少許侏羅白酒取代米酒，香氣十足，搭配侏羅的夏多內白酒非常過癮。

薩瓦（Savoie）

薩瓦是法國最富阿爾卑斯高山風情的產區，葡萄園面積加總不到兩千公頃，絕大多數的葡萄園都集中在尚貝里（Chambéry）附近，雷夢湖（Lac Léman）以南能看到壯觀山景點綴著湖泊與山區的木造小屋，想要探索薩瓦產區，最好的方式也是以尚貝里作為據點來拜訪酒莊。

由於薩瓦產區的葡萄園海拔相當高，氣候涼爽，為達到極佳成熟度，葡萄園大多座落於向陽、排水性好且少霜凍的地塊。這裡的葡萄園大多是阿爾卑斯高山的山泉融雪水灌溉，水質清澈純淨，薩瓦白酒的澄澈度自然可想而知。

薩瓦產區以白酒為主，主要葡萄品種賈桂兒（Jacquère）、阿提斯（Altesse）、夏斯拉（Chasselas）、瑚珊（Roussanne）、格林傑（Gringet）等，紅葡萄則以蒙德斯（Mondeuse）最有名，幾乎是薩瓦產區獨有。在薩瓦產區，我最喜歡的葡萄品種是賈桂兒，清脆度極好，蘊藏一種幽微細緻的花香，不僅清爽，還自帶一種輕透的仙氣飄渺。

🍾 如何挑選薩瓦葡萄酒？

薩瓦的葡萄酒產量相當稀少，如同侏羅產區的葡萄酒，幾乎都是供應給當地人享用，如果想深入了解薩瓦葡萄酒，最好的方式就是拜訪薩瓦！這講來似乎不切實際，但當我打開法國薩瓦官方產區網站時，才發現薩瓦的確有許多子產區相當罕見，即便是在法國也極難尋得。

因此若想挑選薩瓦的葡萄酒，可以從品種風味去推測，比如說賈桂兒（*Jacquère*）以清爽細膩的花香調性為主；阿提斯（*Altesse*）耐陳放，經常會在橡木桶中陳年；夏斯拉（*Chasselas*）是瑞士經典品種風味，較輕透淡雅；瑚珊（*Roussanne*）則是水蜜桃、哈密瓜與榛果氣息主導；而格林傑（*Gringet*）是薩瓦在地品種，風格是細膩的花香與柑橘調性。

薩瓦產區也生產氣泡酒（*Crémant de Savoie*），由於葡萄園海拔相當高，酸度沁爽，喝來十分過癮，葡萄品種以賈桂兒和阿提斯為主，花香細膩質地優雅，仿若高山系的空靈感。

🍷 什麼台灣料理適合薩瓦葡萄酒？

薩瓦白酒的風味相當輕透細膩，我喜歡的酒款大多經由酒泥或橡木桶陳釀，酒體厚度帶出來的輕透礦物氣息與沁人酸度，著實讓人著迷。搭餐上適合風味同樣細緻的料理，比如生魚片、鹽水雞、白切肉、豆腐等。在法國說到高山，就想到起司，尤其天冷時總讓人想來份暖暖的高山起司鍋，

所以薩瓦產區的白酒每到冬天都非常受歡迎，如果想不到可以搭什麼家常菜，來份烤起司（*Raclette*）就是最道地的選擇了。

布傑（Bugey）

布傑是一個非常小的產區，約莫只有五百公頃，因地理位置介於侏羅和薩瓦之間，故揉合了兩個產區的特色，這個產區小到在法國也很少人聽聞，當中最為知名的葡萄酒款，應該就是瑟冬（*Cerdon*）了。

幾乎很少人知道瑟冬氣泡酒來自布傑，這是一種使用加美葡萄（*Gamay*）和普薩（*Poulsard*）釀造的粉紅氣泡酒。跟香檳不一樣，瑟冬氣泡酒採用祖傳法，是將發酵到一半，酒中還留有殘糖的葡萄酒裝瓶，讓發酵直接在瓶裡完成，所以又稱為「一次發酵氣泡酒」。這類的氣泡酒質地較香檳輕鬆，帶有一種歡樂舒暢感，且絕大多數帶點殘糖，其做法與風格類似現今自然派流行的 *Pét-Nat* 氣泡酒，多汁果感、輕鬆直接，實在想不到讓人不喜歡的理由。

Normandie
諾曼底

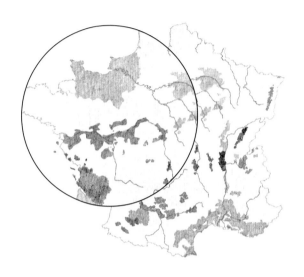

諾曼底是蘋果與西洋梨的果酒天堂，雖然與法國的其他產區不同，但諾曼底確實擁有悠遠的葡萄酒種植與釀酒歷史。如今諾曼底是原生蘋果與西洋梨釀酒品種的天然資料庫，擁有絕佳自然資源，以及深度且可口的飲食文化，乃自生蠔、龍蝦、扇貝、奶油、起司等，是熱愛美食的你，不可錯過的隱藏版饕客產區。

　　書寫這段文字時，我正準備下週要出發去諾曼底旅行。讀者們肯定有點納悶，諾曼底？諾曼底有產酒嗎？的確，諾曼底一直以來都不在愛酒人心中的首要位置，畢竟我也是長時間從未想過要拜訪諾曼底，但慢慢地，有些事情改變了我。

　　從南法到諾曼底是法國對角線的距離，我在這趟旅程裡要搭乘火車，從亞維農高鐵站出發直達巴黎，再從巴黎租車開到諾曼底，每次做長途旅行前，我都會有些許焦慮感，因爲這是個與自己共處的時刻。至於爲什麼是

諾曼底 Jerome Forget 酒莊的三百歲洋梨樹。

諾曼底？則是個緣份牽引的故事。

我在 2020 年初次接觸自然派果酒，但不是法國產，而是產自北義大利的花見酒莊（Floribunda）。當時我在瀏覽世界著名餐廳酒單，無意間瞅到這款酒，瓶身外觀就像當今流行的自然氣泡酒 Pét-Nat，但仔細一看，原料居然不是葡萄，而是蘋果！

法國品嚐蘋果酒的傳統方式大多與可麗餅搭配，使用陶瓷矮胖馬克杯大口喝，帶微甜或苦甘啤酒感的蘋果酒類型，直到那趟義大利的旅程，初次品嚐花見蘋果酒莊的作品後，我才明白：「原來蘋果酒的風味也能非常多元多變，就跟葡萄酒一樣！」

因應氣候暖化，迎來果酒新浪潮

花見酒莊自二十世紀末便由家族經營，莊主 Franz Egger 自 1992 年基於實驗性質在車庫釀造蘋果酒。隨著更多釀造研究，在長期經驗累積下，做出完全無二氧化硫添加、風味純淨透亮，宛如咬一顆高山蜜蘋果的天然果酒！莊主甚至將蘋果與在地物產，例如植株、香草、花卉等結合，像是骨木花、薄荷、辣椒蘋果酒等，每款都是自成畫面的風味宇宙。於是，我開始研究小農蘋果酒，注意到因應全球氣候暖化影響，釀酒文化在快速改變，尤其「自然酒浪潮」打開人們的風味想像後，對各種釀造酒的風味接受度變得更廣，成為新一代酒農的創作方向。

自 2022 年開始，我便把探索自然酒的好奇心，不設限地拓展到葡萄以外的果酒上。從法國開始延伸到歐洲不同國家，比如英國、葡萄牙、美國、波蘭、捷克，甚至北歐的蘋果酒，每個國家的人因應自然環境與飲食習慣

不同，對於當地果酒的詮釋也不同，因為沒有既定印象，故沒有框架，全然拓展了我對風味的想像。我在這個世界裡既興奮又期待，並且總能從中獲得超出預期的滋味，就像身處正在增建中的遊樂場裡玩耍般，驚喜連連！如今在歐洲有越來越多自然果酒餐廳和酒吧，我訪問侍酒師為何會有此潮流？絕大多數回答都是：「因為更清爽！酒精濃度更低！」

氣候暖化加劇影響世界農業發展，法國報紙刊登波爾多正在尋找未來的葡萄品種，原因是氣候異常，目前的法定允許葡萄品種已無法適應氣候；布根地酒農種植橄欖樹、蘋果樹，希望藉此分散氣候變遷葡萄單一作物造成的風險。炎熱氣候讓葡萄糖分累積快速，甜度越高、酒精濃度越高，如今南法氣候已接近北非氣候。三十年前的採收時間是九月中，如今提早到八月初，不能說的公開秘密是酒精濃度已來到 16%，在北法產區如羅亞爾河，於 2022 年白酒釀造的酒精濃度也已達到 14.5%。各產區酒農無不掙扎於極端氣候的困境中，如何在酒裡保留清新與自然酸度，成為每間酒

義大利花見酒莊（Floribunda）。

莊努力的目標。於是人們開始往氣候更涼爽的高海拔、高緯度產區前進，終於留意到一個多年未受關注的釀酒綠洲：諾曼底（Normandie）。

釀造果酒最悠久的諾曼底產區

諾曼底是世界上釀造蘋果酒歷史最悠久的產區之一，歷史文獻記錄最早可追溯至中世紀，也是數一數二有「原生釀酒蘋果品種」的產區。長時間以來，諾曼底不受葡萄酒的產區分級制規範，在釀造想像力上得以天馬行空，我想這與諾曼底人長時間以來與嚴峻環境氣候共存的樂天性格有關，酒款好喝、快樂、有趣，有什麼不可以呢？

終於在一個陰雨綿綿的早晨，我從南法抵達諾曼底，天空飄著細雨，吹來潮濕刺骨的風，酒農 Cyril Zangs 說：「我只能跟妳約早上，因為下午會出太陽，我要去採收蘋果。」

艾胡酒莊（Maison Hérout）莊主。後方是仍在使用的古老蘋果白蘭地蒸餾器。

Cyril Zangs 是前瞻性蘋果釀造者，紐約時報、CNN 都報導過他，從 90 年代末開始釀蘋果酒，且完全採用釀造葡萄酒的方式，使用六十多種當地原生釀酒蘋果品種來釀造，宛如一座品種基因庫！這些古老蘋果品種比我們台灣的蜜蘋果還迷你，大約只有半顆奇異果的大小，皮厚、風味集中，咬下後的果肉顏色會迅速變深氧化。Cyril Zangs 說：「是因為釀酒蘋果品種的皮，富含單寧的緣故。」

蘋果酒中的單寧就跟葡萄酒一樣，讓酒喝來更有架構、富有陳年潛力，同時具備去油解膩的特性，畢竟全法國還有誰比諾曼底人更愛吃香濃奶油、起司呢？Cyril Zangs 現場開了一瓶他的珍藏，使用橡木桶陳釀多年的蘋果酒，沒有氣泡，入口酸度沁爽，花香、蘋果、西洋梨與白桃氣息簇擁，帶些許香草油滑感，不說還真以為是白葡萄酒，但酒精濃度更低，只有清爽的 8%。

另一款蘋果酒色則呈現寶石紅，湊近聞，能感受到豐沛草莓軟糖、覆盆莓氣息，讓人聯想到薄酒萊紅酒的多汁風味，入口鮮爽活力十足，實在猜不透蘋果怎會有如此風味與架構！？一問之下，居然是蘋果與希拉（Syrah）葡萄的混釀，整體風味的平衡度極佳，令人難以置信，且酒精濃度甚至只有 9%。雖然美味，但一瓶難求，每年初裝瓶，就立刻被世界各地買家訂走。

原先我以為蘋果與葡萄酒混合已經夠瘋狂，直到拜訪另一間諾曼底新生代酒莊哩賀男孩 Cyprien Lireux，才發現他更直接將整串羅亞爾河卡本內弗朗葡萄（Cabernet Franc）放入蘋果汁中浸皮發酵。成品酒色呈現石榴紅，喝來果香清新、質地脆爽。對於熱愛葡萄酒的酒迷們而言，將葡萄與其他水果混合在一起釀造，幾乎是過去從未有過的想像。諾曼底酒農的勇

於實驗、開啟果酒風味的更多可能，氣候暖化也讓諾曼底逐漸成為新興葡萄酒產區，有越來越多酒農在諾曼底種葡萄，相信約莫五年後，諾曼底葡萄酒將慢慢出現在人們的餐桌上。

在諾曼底，蘋果、西洋梨、葡萄都是平等的，在這裡我們談的是創造美味，當吃飯喝酒回歸本質，其實是件輕鬆快樂的事，相信在不久的將來，台灣也能將在地水果風味帶往世界，一同加入這個色彩繽紛的果酒世界。

如何挑選諾曼底蘋果酒？

前文所述的「蘋果混釀葡萄」等變奏型果酒，如今在法國仍屬少見，因此我試圖搜羅各種**以葡萄酒釀造為基礎，但原料是用葡萄以外的水果釀造的酒品**滋味。比如自然派蘋果、西洋梨酒，採百分之百水果原汁發酵，無添糖，零添硫，酒精濃度低，建議冰鎮後喝，非常適合台灣夏天。

諾曼底蘋果酒的特色，是使用較高比例的苦蘋果與苦甜蘋果釀造，因此尾韻大多帶有回甘苦韻感。有些台灣朋友剛接觸法國蘋果酒，如果覺得不習慣那種聞起來帶發酵感的乾草、牧場氣息的話，可以選擇微甜款（*Doux*），適量殘糖可以降低傳統諾曼底蘋果酒的獨特發酵風味，也比較符合對蘋果酒既定的香甜印象與期待。

如果你開始對法國蘋果酒有一定程度的熟悉，則可以挑選殘糖低的酒款，比如說 *Extra Brut* 或是 *Brut* 等。來自諾曼底 Cotentin 產區的蘋果酒，因地理位置靠海，大多帶有一份獨特的海水碘味，有些

人會聯想泥煤威士忌的煙燻感，因此特別適合搭配海鮮，諾曼底盛產生蠔、扇貝、淡菜、長腳蟹，用一款清脆爽口的蘋果酒搭配，再來份卡蒙貝爾起司，就是道地的美味享受！

諾曼底除了蘋果酒以外，也有著名的西洋梨酒產區 *Domfront*，這裡以芳香系品種的白洋梨（*Plant de Blanc*）為主，滋味跟白酒非常相似，以白花、蜜桃等香氣主導，入口帶有一種台灣水梨皮的質地，一般來說，西洋梨酒的香氣比較清亮。如果不習慣法國蘋果酒可能會有的果泥與發酵感，西洋梨酒會是個好選擇喔！

🍷 什麼台灣料理適合諾曼底蘋果酒？

我首推炸物！諾曼底蘋果酒中的自然酸度、單寧質地與氣泡，搭配酥炸美食相當去油解膩，尤其是 Cotentin 產區的蘋果酒，搭配重口味的炸海鮮，比如炸蚵嗲、炸魷魚，醬汁重口的糖醋魚等，甚至是酥炸臭豆腐。

好喝的自然派蘋果酒，搭餐前後的風味調性會轉變，有的蘋果酒單喝不甜，搭餐後便會轉變為富有清甜蘋果特質的多汁滋味。有些蘋果酒單喝會甜，搭餐後反而轉為如紅茶般細膩的苦甘回韻，非常有趣的諾曼底果酒世界等您來探索與挖掘！

釀酒西洋梨品種 Plant de Blanc。

Célia
Wine
Travel

Chapter 5

選一支想喝的葡萄酒吧！

面對葡萄酒，要用什麼方式與它相處，才能窺見它最美好、真實的一面？讓我們從醒酒開始學，嘗試感受葡萄酒的礦物感、平衡感⋯等，再透過品酒筆記拼湊出葡萄酒的香氣和口感印象，勇敢探索各種風味。至於有些人比較不喜歡的酸感、酒精感，也有小技巧可以處理，最後小提醒開瓶後如何妥善保存它的美。

醒酒要醒多久？怎麼醒？

「要不要醒酒？醒多久？」這是我最常收到的葡萄酒問題，關於是不是每支紅酒都要醒？如果醒，那要醒多久？酒液在口中是什麼樣的味道，才會讓人覺得這支酒需要醒呢？在討論這個話題前，我們先聊聊什麼是醒酒，以及醒酒的目的是什麼。

醒酒的目的，主要是釋放香氣、軟化單寧，有些酒款則需透過醒酒，讓酒中不悅的氣息散掉，簡言之就是要讓酒「變好喝」。但是每個人對一款酒好喝的定義都不一樣，有些人喜歡口感飽滿、喝來有存在感的紮實紅酒；有些人則偏好喝起來柔軟、單寧細緻的風格。所以醒酒與否、醒多久，沒有絕對答案，但一般來說，判斷是否需要醒酒，主要有三個情境：

一、年輕小鮮肉

當一支酒很年輕、單寧硬實強壯，就像血氣方剛的小伙子，稜角分明，因單寧強度高，喝來較為乾澀，入口感受是喝一口便覺得嘴唇要被縫起來了！或是橡木桶氣息明顯，入口後同樣讓人感到苦澀，為了讓酒喝起來更加柔軟易飲，就會建議：「這支酒要醒、要放（陳年）」。

怎麼定義年輕？每款酒都不一樣，每個人對於年輕的定義都不同，我覺得到五十歲都還很年輕，也有些人覺得二十歲才是年輕，因此沒有絕對答案。重點在於，入口感受是否強烈乾澀需要柔焦，各人的偏好有所不同。

二、潛力績優股

有的酒剛開瓶時就已經相當不錯，但它可能潛力非凡、有機會更好，爲能達到「進化階段」，此時就會建議醒酒。然而這非常看重經驗，因爲你肯定是喝過它更好的時候，才會知道它還有潛力發展，這就是葡萄酒迷人有趣的地方，有許多未知能讓你去感受與探索。

另一種潛力績優股是悶騷型，剛開瓶沒有香氣，呈現閉鎖狀態，爲了讓它進化，就會端出醒酒瓶，把酒倒進去搖一搖，讓香氣舒展開來。

三、缺氧

當葡萄酒缺氧的時候，香氣會閉鎖並呈現一種相對來說讓人不悅的氣息，比如說濕土壤氣息、硫磺、臭雞蛋等（但並非軟木塞感染），這就是「還原反應（Reduction）」。這時特別需要醒酒，讓酒跟氧氣接觸，藉此還原它原本的味道，這的確有點惱人，透過在酒中旋轉或使用醒酒器，這種不悅氣息通常會很快散掉，並展現它原先的果味芬芳。

如何醒酒？一定要買醒酒瓶嗎？

醒酒原理非常簡單，就是要讓酒液跟空氣接觸，所以醒酒器絕非必要，你可以打開酒，但是不塞回瓶塞，使其自然與瓶口空氣做接觸，進行較爲柔性的醒酒。也有些人會拿個容器，把酒倒出來轉一轉，再倒回原瓶裡。台灣氣候炎熱、室溫通常較高，如果醒酒時想維持在適飲溫度，可用保鮮膜包住醒酒器開口，再放入冰箱冷藏，能避免冰箱味道影響葡萄酒，這也是我到教皇新堡拜訪佩高酒莊（Domaine du Pegau）時，酒莊代表建議的醒酒方式。

最後，需要醒的酒也包含老酒，老酒初開瓶有時會帶點陳舊的衣櫥感，讓它透氣能幫助舒展風味，但是老酒也較爲脆弱，因此使用醒酒器需非常小心，建議瓶中醒卽可。

葡萄酒開瓶與開瓶後如何保存？

葡萄酒如何保存？不管是開瓶或未開瓶，都要知道三個關鍵：

第一關鍵：氧氣

氧氣是葡萄酒陳年的關鍵因素，因此保存葡萄酒需盡可能地減少酒液跟氧氣接觸的機會。如果未開瓶的酒是用軟木瓶塞（螺旋瓶蓋就沒有這個必要了），可以橫放酒瓶，讓酒液跟軟木塞接觸，以避免木塞乾燥萎縮，減少葡萄酒變質的風險。

開瓶後的酒則要「立放保存」，因爲立放的酒液在瓶中跟空氣接觸的面積，會比橫放要來得小。另外建議不妨購入眞空器，開瓶後將瓶中空氣抽掉，維持眞空能延長葡萄酒風味保存。

第二關鍵：溫濕度

溫度對葡萄酒保存尤其重要，儲存溫度太高會加速葡萄酒熟成，通常 11 ～ 14°C 是較爲妥善的窖藏溫度條件。此外，維持「恆溫」也非常重要，盡可能不要讓葡萄酒儲存環境有劇烈的溫度變化，比如說廚房、車庫、車廂，都是非常不適合置放葡萄酒的環境。

再來是保存環境的濕度，主要是避免軟木塞脆化，但如果家裡還沒有採購專業酒櫃的預算與空間，先找到一個能維持涼爽恆溫的環境是最為優先的。

第三個關鍵：陽光

任何一種酒類都不耐陽光照射，因為陽光會破壞酒的風味並加速老化，葡萄酒也一樣。其實保存葡萄酒跟茶葉的環境條件類似，都適合放在陰涼、無陽光直射、無溫度劇烈變化的地方。

葡萄酒開瓶後的保存與風味變化

葡萄酒開瓶後能保存的時間長度，會視酒種、葡萄品種、釀造方式而有所差異。一般來說，酒體紮實的葡萄酒開瓶後可維持較長的風味續航力，自然酒開瓶後也可維持多天的風味，發展潛力高且變化多端。

我經常在開瓶後分好幾天喝，以記錄一瓶酒的香氣變化，有的葡萄酒開瓶第一天，會呈現較多土地與一級香氣，比如說礦物感、煙燻感，一級香氣則如花香、果香。如果葡萄酒是在全新橡木桶中陳年，剛開瓶時的木桶氣息也會較為彰顯。

開瓶後的第二天，隱藏在葡萄酒裡頭的更多訊息會被釋放出來，因為葡萄酒跟空氣接觸時間比較長，可以想像成這支酒陳年後的發展，我們可以觀察到較多釀造型的二級香氣，比如說奶油餅乾、香草，有時會有較明顯的肉味或氧化水果風味，就像蘋果切開後立刻品嚐，跟放了一會兒與空氣接觸後的風味有所不同。在這個階段，我們可以感受到更多釀造紋路，所以開瓶第二天是最令我感到興奮與期待的，看風味有沒有變化、有沒有推展出更多風味，抑或是掉下來變得鬆垮，通常自然酒開瓶後的轉換在第二天會來到高峰。

比如來自葡萄牙守候酒莊的小雛菊白酒（Espera Bianco 2021），開瓶

第一天與第二天是完全不同個性，由於葡萄園鄰近大西洋，初開瓶時有豐富如海潮般的煙燻、海洋、礦感氣息，入口有個明顯鹹度，搭配黃檸檬般的成熟酸香，每每在品嚐這款酒時，都會讓我想起澎湖的酸爽檸檬汁，有種自由奔放的爽朗個性。

開瓶第二天後，那份來自海洋的狂嘯感褪去，小雛菊白酒透出細膩的木質調性，出現香草奶油、多汁鳳梨、蜜漬柑橘香氣，暗示了這款酒的葡萄來自一個充滿陽光般溫暖的產區，採收在良好成熟度，且經由橡木桶陳年。它的層次感與豐富度都在開瓶第二天展現，宛如一首有著輕盈旋律的小步舞曲，故每回開瓶，這款酒的變化與生命力都讓我忍不住讚嘆。

接著第三、第四、第五天，葡萄酒的續航力暗示這支酒的陳年潛力，不只是釀造技法（有的酒在出生時就被決定要陳年，有的則是被決定要新飲），也跟葡萄品種、品質與年份有關。

我常會說，這就是每一支酒的 time zone，就像每個人的週期不同，有的人年少得志、有的人大器晚成，在葡萄酒裡感受風味的生命曲線，對我來說就是最美的體驗。

如何讓酒喝起來比較不酸？

常常聽到別人介紹葡萄酒的時候，用「乾／干」來形容，無論是干紅或干白，但酒明明就是「液體」，怎麼會喝起來很「乾」呢？這在中文語彙裡幾乎不合邏輯，「乾」這個字其實是直接由外文翻譯而來。

葡萄酒在發酵過程，酵母會把葡萄汁裡的糖分吃掉，轉為酒精、二氧

化碳、熱能，酵母把酒中的糖分吃得越乾淨，這支酒就越不甜。所以甜度分級是根據酵母能把糖吃得「多乾淨」來分類，法文中的「Sec」英文直譯為「Dry」再翻譯成中文為「乾／干」，都是不甜的意思。

據歐盟法規，明確立定在酒標上，可以用「乾型、半乾型、半甜型、甜型」來描述一支酒的甜度：英文 Dry、法文 Sec、德文 Trocken、義大利文 Secco、西班牙 Seco。

雖然葡萄酒標大多會標註一支酒的殘糖分級，但每個人對味道衡量是主觀的，即便是同一支酒，有些人喝起來覺得甜、有些人卻覺得不甜，這不僅是個人偏好，也跟日常飲食習慣有關。如果你喝珍奶喜歡全糖，那麼通常會偏好濃郁、甜度高的葡萄酒，因風味強烈顯著；但如果喝珍奶喜歡無糖，基本上對於葡萄酒中的酸會有較高耐受度，所以當兩個飲食習慣不同的人喝同一杯葡萄酒，對於甜跟酸的感受力也大不相同。

葡萄酒中的酸有各種類型，舉例以下都屬於酸：黃檸檬的酸、優格的酸、蘋果的酸、白醋的酸，但是否酸得很不同？

葡萄跟其他水果家族們一樣，生產甜美的水果不外乎是為了繁衍後代，藉此吸引鳥兒或動物來吃，讓後代子孫可以綿延不斷，但水果中真正能繁衍的不是皮、不是果肉，而是「種籽」，所以在葡萄籽還沒完全成熟以前，葡萄是很酸、很不甜的。

一般來說，葡萄剛從花蛻變為果的時候（Nouaison），果粒還非常迷你，這時的葡萄皮還很硬、酸度高、單寧也很生澀，接著葡萄果實裡的細胞會迅速分裂，轉色期（Véraison）後紅葡萄果開始由綠轉紅，此時的葡

萄籽已接近成熟，甜度會迅速累積升高、酸度下降，並隨著成熟度增加，甜度和酸度往反方向累進。當葡萄不夠成熟就採收，喝起來便有一股水果不熟的「生青酸」荣梗味，這個酸感通常伴隨著植蔬氣息（與品種特性的植蔬氣息不同），更像是偏硬的綠番茄感。

很多時候，葡萄酒中的酸來自葡萄品種、土壤或氣候特徵，比如產自葡萄牙靠海產區的葡萄，因鄰海且受到冷涼大西洋海風的吹拂，酒款經常會有明確的礦物感與酸度。另外，種植在白堊土壤上的葡萄，礦物感伴隨的酸度也會較為明顯。有些葡萄酒經過乳酸發酵帶出來的優格酸感，又是另一種層次的風味展現。

很多人聽到「酸」就聞之色變，其實葡萄酒裡的各種酸蘊含了不同表現。如果酒精是葡萄酒的肉，那麼酸度就是葡萄酒的骨，只有肉、沒有骨的酒喝來令人感到肥膩，適當酸度則可以讓酒液更清爽、平衡，搭餐也更解膩，是非常好的加分。當然，酸也要酸得可口，而不是葡萄不熟的生青酸。如果你非常怕酸，除了看酒標挑選外，還有兩個方式可參考：

一、挑選酒精濃度低的酒

通常酒精濃度低的酒比較不酸，因為酵母還沒有把酒裡所有糖分吃完，故殘糖量高、酒精濃度低，屬於香甜、易飲型，適合怕酸的朋友。

二、酒溫不宜過低

如果你真的非常怕酸，可以留意品飲葡萄酒時的溫度，酒溫太低會突顯酒中酸度變得銳利。喝一口覺得太酸嗎？等待一下讓酒回溫吧！通常與空氣稍作接觸後的葡萄酒，酸感也會降低。

有些人覺得承認自己喜歡喝甜酒有點不好意思，但其實我們對葡萄酒的喜好都很主觀，並不是喝不甜的干型葡萄酒就一定比較高級，許多果香豐富的微甜酒，也可以是兼具複雜度的好酒，飲食偏好會隨著經驗累積不斷改變，最重要是了解自己，找到當下適合自己的葡萄酒款。

葡萄酒建議適飲溫度：
- 氣泡酒、甜酒：6 ～ 10℃。
- 清爽型白酒、粉紅酒、淡紅酒：10 ～ 12℃。
- 一般紅酒、過桶型白酒：12 ～ 16℃。
- 濃郁型過桶紅酒：16 ～ 18℃。

什麼是葡萄酒的礦物感？

是什麼原因，會讓我們用「礦物感」去形容葡萄酒？如果「礦物感」真的存在，那又是什麼樣的味道呢？

礦物感（Minerality）在葡萄酒裡像是玄學，其神秘度不亞於生物動力法，都是讓人爭論不休的議題，但又如此普遍地被使用。我記得自己剛入門學葡萄酒時，覺得葡萄酒怎麼可能聞起來或喝起來會像石頭！？難道大家都天賦異稟地知道，花蓮太魯閣的鵝卵石聞起來，跟台中大甲溪的砂石有什麼不同嗎？雖然有點誇大用詞，但這的確是我剛入門學習葡萄酒時，對「礦物感」這個詞有如此難以言喻的疑問和想像。

為探究這個問題，我讀了一些文獻，然後在法國友人的品酒會上提出討論，他們有些是侍酒師、釀酒師、酒商，大家觀點都不一樣，最後共同結論是：葡萄酒中的礦物感是一種「氣息」，也可以是舌上的「觸感」。

一、聞起來的礦物感

葡萄酒教科書裡最常出現的例子，莫過於布根地夏布利產區（Chablis）的夏多內以及德國摩賽爾產區（Mosel）的雷司令，經常會用打火石、煙硝、燧石等名詞形容葡萄酒聞起來的礦物感，有點像是用石頭刮地聞起來的味道。

另外常見的礦物感氣息，也會跟大海或火山做連結，比如說在澎湖海邊聞到的海水味、北投聞到的溫泉硫磺味，都會被歸類為礦物感的一環，總結是土地傳遞出來的氣息。

二、喝起來的礦物感

礦物感喝起來最直接的感受，就是酒中的「鹹感」，比如海島產區的自然白酒，就經常有顯著鹹味，香檳也會有這種明顯的清脆礦石感，便是因為該地區的土壤以白堊土沉積岩為主，這種土壤在過去曾經沉積海底，故能為酒液帶來明確與海洋有所連結記憶的海水鹹味。

一位我很喜歡的紐約時報專欄作家 Eric Asimov，曾用三款奧地利 Riesling 葡萄酒舉例，他形容有「礦物感的酒」時是這麼說的："*A savory, saline quality that I loved and a fine stoniness that threaded through from sip to swallow and beyond.*"

他用「saline」這個字來形容，在法文裡也經常出現，這個字有「鹽巴」的意思，帶有礦物感的酒液有些像海水般的感覺，如同生蠔殼剛打開時的鹹味，這樣的風味會從你的舌尖綿延至舌後根，搭配酸度而有鹽之花那樣脆脆的質地。

酸度通常會把葡萄酒的礦物感帶出來，我曾讀過一本自然酒的書，書裡寫道：「高酸的酒會讓礦物感受更清晰。」這也是為什麼，我們比較能在白酒裡感受到線條俐落的礦物感。

Eric Asimov 認為多數人會誤解礦物感，以為葡萄酒裡真的有礦物存在，但更多時候是個比喻，就像葡萄酒嚐起來有櫻桃氣息，並不等於酒中有櫻桃一樣。有美國葡萄酒作家將礦物感以「顆粒感（powdery）」來形容，他描述礦物感在舌上的感覺，像是在德國摩賽爾有潮濕石頭氣息、布根地夏布利有海洋貝殼氣息、法國薄酒萊有潮濕泥土氣息。

也有科學家認為葡萄酒中的礦物感是種玄學，因為數據顯示土壤中的礦物質無法直接被植物的根所吸收。但同時也有法國酒農告訴我，他們曾拿兩款科學數據檢測出來完全一樣的葡萄酒來評比，嚐起來的風味就是不同。我個人傾向風土派的看法，認為礦物感會因土壤、微生物、釀造方式等影響傳遞到葡萄酒中，此外也有研究指出，具有良好礦物感的葡萄酒，喝起來的酒精感受是較為平衡的。

或許會有人想問，礦物感的酒款好搭餐嗎？礦物感的確難以捉摸，但值得高興的是，酒液中有礦物感往往是好搭餐的表徵！因為酸度高、喝來清脆，酒中的鹽味可以和料理中的「甘味」調和，進一步帶出脂香，大家在家裡不妨試試看，遇到有礦物感的酒，就來份喜歡的食物搭餐吧！

喝起來酒精感重？有什麼簡單的解決辦法？

不知道你有沒有這樣的經驗，到超市選了一支酒，回家後開瓶覺得酒精感特別重，或明明在酒專裡先試了酒，買回家之後放冰箱，拿出來竟發覺「奇怪！味道怎麼聞起來變淡了呢？」

會有這樣的感受，很有可能是「品飲的溫度」錯了。

舉例來說，調酒裡通常會混兩到三種基酒，酒精濃度遠高於葡萄酒，但很多時候調酒喝起來反而比較沒有酒精感，除了調酒裡加了較多果糖，另外一個關鍵就是「冰塊」。當酒溫低，酒感也會降低。由此可見品飲溫度非常重要，任何再好的酒，只要喝的溫度不對，實際上喝起來的感覺可能大打折扣，無法表現出它真正的實力。相對來說，即便是很普通的酒，只要品飲溫度對了，可能會讓你覺得這酒萬分地好喝。。

為什麼會這樣呢？因為溫度高的時候，各種化學分子，包括香氣、酒精等，都會比較活躍，因此在室溫環境下品飲葡萄酒，會令人覺得果香較濃郁甜潤，酒感也可能隨之被放大。反之，當葡萄酒剛從冰箱拿出來，在溫度低的狀態下，香氣通常會被抑制，品飲時會覺得風味較為收斂、甜感低、酒感低，但酸度往往變得比較銳利。於是我們要運用這樣的物理特性，去找到最適合葡萄酒品飲的溫度。

分享一個在我身上發生的實例。我的法國室友曾經從酒莊帶了瓶新款紅酒，那時正值夏日，八月的南法天氣炎熱，室溫可達 30℃。當下沒來得及等放冰箱降溫，就迫不及待把紅酒開瓶品嚐，沒想到這瓶梅洛紅酒聞起

來就像「正在爐台上熬煮的果醬」，喝來非常甜、帶有濃稠果味，且酒精感極為明顯，在大熱天喝這樣的紅酒，幾乎提不起食慾。

太甜、太膩了呀！放冰箱！拯救它！

於是我們立刻把這瓶紅酒放冰箱，約莫一小時後再拿出來喝。經過冰鎮後的同款紅酒，降溫到 12℃ 左右品飲，酸度上來了，酒體因此變得比較輕盈，喝來清爽，酒精感大幅下降，但單寧較為澀口，香氣也沒有原先常溫品飲那樣馥郁，反而多了點草本氣息，由此可見這瓶紅酒溫度降得太低，香氣過於收斂，於是在室溫中又放了約半小時回溫，直到 16℃ 左右，花果香才逐漸透出並舒展開來，品飲風味也更為平衡。那麼，葡萄酒的溫度要怎麼掌握比較好呢？有三個重點：

一、不管是什麼酒，即便是紅酒，在台灣都建議開瓶前先放冰箱

紅酒的適飲溫度是 16 ～ 18℃，在台灣的夏日室溫通常很難維持在這個溫度，所以建議開瓶前先放冰箱適度降溫，如此可以感受紅酒從低溫到回溫的風味轉變。

二、葡萄酒冰透後請先開瓶，並給予適當時間回溫，尤其是自然酒

如果葡萄酒在冰箱不小心放太久，跟啤酒一樣冰透了，會讓香氣變得閉鎖乏味，而且酸感強烈，白酒適飲溫度是 10 ～ 14℃，隨著溫度升高，風味會更為舒展。自然酒尤其需要提前從冰箱取出，開瓶回溫後會發現葡萄酒的香氣逐漸打開，像朵綻放的花，充滿生命力且多彩。

三、酒色越深的酒，通常適飲溫度較高

酒色深的酒，通常風味越濃郁，因此需要相對較高的酒溫，讓酒液中

的細節釋放。 以紅酒來說，酒色深的波爾多跟酒色淺的薄酒萊相比，波爾多適飲溫度會比薄酒萊高一些，此推論通則在白酒同樣適用。酒色深且有過橡木桶的布根地馬貢（Mâcon）白酒，跟酒色淺的小夏布利（Petit Chablis）白酒相比，前者適飲溫度比後者高，而有做浸皮萃取的橘酒，因酒色較深，所以適飲溫度就比一般白酒更高一些喔！當然這是個通論，列出來只是方便大家記憶，凡事都有各種例外，比如說「甜酒」的酒色深，但試飲溫度就比一般白酒低。

　　講了這麼多，這裡幫大家小結一下，葡萄酒的溫度會影響喝起來的感受，特別是在台灣的炎熱氣候，無論是什麼酒，都建議飲用前先放冰箱冷藏降溫。大家可以在家試試看，觀察一支酒從低溫到回溫時的香氣變化，找出最適合自己偏好的品飲溫度，也少了一些以為酒不好喝，就拿去燉牛肉的悲劇啦！

對於預算有限的新手，推薦優先購入哪些酒器？

　　葡萄酒周邊五花八門，對於愛酒人而言，為追求極致體驗，適用於各種葡萄酒類型、風味、品種的酒杯選擇族繁不及備載，再加上各式開瓶器、醒酒器等，究竟該怎麼挑選？尤其對於新手來說，有什麼是建議購入且值得投資的品項呢？

一、葡萄酒杯

　　正所謂工欲善其事，必先利其器，**若你剛入門葡萄酒，在預算有限的前提下，誠心建議不如先買支好的葡萄酒杯吧**。葡萄酒杯的材質與杯型，對於風味有很直接的影響，嘗試看看使用不同杯型品飲同一款葡萄酒，你會發現風味差異極大！不管是香氣或入口質地，即便是很少品酒的人都能輕易感受得到。挑選酒杯有幾個原則可掌握：

POINT1 透光度佳：

不要選杯身表面有浮刻、鑲鑽、雕花的杯子，透光度越高越好。

POINT2 杯壁薄：

越好的酒杯，其杯壁越薄、越輕巧，入口感受度越佳，這也是爲什麼手工杯很受人推崇的原因，我自己也是手工杯愛用者。同樣一款酒，使用杯壁輕薄的酒杯品飲，喝起來的質感就越細膩。建議大家挑選酒杯時，可以把杯子拿起來稍微轉一下，感受一下酒杯重量。

POINT3 杯口往內收：

酒杯的使用目的，除了品嚐葡萄酒之外，還有一個很重要的功能是「聞香」。杯口往內收的杯型有助於香氣集中，對於品聞香氣會有放大的感受；而杯肚足夠大的杯型，聚香力會更好。

POINT4 笛型香檳杯非首要之選：

許多人在品嚐氣泡酒時，喜歡選用笛型杯，這種杯型的設計目的，是爲了讓人更好觀察酒杯中的氣泡與升騰感，且拿在手中啜飲時備感優雅。雖適合社交型聚會，卻不利於品聞香氣，如果你想要好好感受一杯香檳，建議使用的杯型是杯口往內縮、有杯肚可聚香的白酒杯。

POINT5 若只能先買一款酒杯，建議選白酒杯：

相較於紅酒杯，白酒杯的杯口與杯肚直徑較小，一般來說是最通用的酒杯類型，雖不是最理想，但適合預算有限且是初學者的族群，想試試看的話，不如先投資買支好的白酒杯吧！

酒杯的杯型雖然重要，但在法國，大家日常用的酒杯反而隨性，酒莊裡經常會使用 ISO 杯，又稱為鬱金香杯，這種酒杯的杯肚較圓，無色透明、沒有花紋，雖稱不上精緻卻非常實用，是國際通用的杯型，也是在國外擔任葡萄酒評審時會使用的。如果預算不多，買支國際通用的 ISO 杯，也是不錯的選擇。

二、兩段式開瓶器

僅次於酒杯，我認為值得投資一把好的開瓶器。在台灣超市經常可見蝶型開瓶器，轉進軟木塞後，用兩個像是左右手的手把按壓開瓶，但這種開瓶器不僅容易斷塞也容易夾到手。建議購入兩段式開瓶器，採槓桿原理開瓶，通常會有個小刀可以輕鬆劃開鉛封，不僅適合開一般葡萄酒，蠟封葡萄酒也能輕鬆開瓶（直接鑽入即可，建議不要刮蠟封），斷塞時也很好拯救。雖然剛開始使用時需要一點點時間練習，但是學會後就完全回不去，再加上好攜帶，出門時隨手放在包包裡也不佔空間。

購買兩段式開瓶器有個小訣竅，留意兩邊打開後一定要能呈現 180 度，如果只能開到 100 度，就會非常難使用，建議不要購買這種的。

三、抽真空瓶酒塞

如果還有點預算，建議入手一組好用的真空器，讓葡萄酒在開瓶後有更長的保存時間。真空器通常會配套一組橡膠塞，挑選關鍵在於橡膠塞具有彈性，但不會輕易彈出，有的橡膠塞材質過硬、不易塞入瓶口，或是好不容易塞入後會彈開。

如何判斷真空塞是否密封？橡膠塞入瓶口打真空後，請試著把酒瓶平放，只要酒液不會溢漏卽可。

至於其他葡萄酒配件，比如醒酒器、酒嘴、溫度計、冰桶等都屬於非必要酒器，當然家中若有空間擺放，器具越完善的話，品酒體驗越佳。此外我建議還可以購入一個好的恆溫恆濕酒櫃，確保在台灣的炎熱潮濕環境中，讓葡萄酒維持在較好的保存環境下陳年，尤其是自然酒，因極少或不添加二氧化硫，在保存上需要更嚴謹的條件。

寫下屬於自己的品酒筆記

　　誠如文章開頭所述，我認爲學習葡萄酒最好的方式就是多方嘗試，然後忠實記錄下自己的感受，喝不懂沒關係，人生不需要什麼都懂，誠實面對自己就是進步與探索的原動力。

　　每個人做筆記的習慣不同，我會隨身攜帶一個 B5 大小的記事本（或用手機記事本功能也很方便），每次喝到喜歡的酒就會迅速寫下酒名、年份，然後用簡單幾句話記錄酒色、香氣、口感。通常對酒的第一印象是最眞實且鮮明的，就像你對一個人的第一眼印象，往往決定了你是否要跟他持續往來，當然僅憑第一眼印象做結論是武斷的，所以試完一輪後，我會回頭再試半小時後的風味發展或嘗試搭餐體驗。

　　寫品酒筆記時，如果時間短暫，我會著重記錄「特殊點」。比如說一款薄酒萊紅酒，紅色莓果、櫻桃是經典風味，那麼我就會特別留意有沒有花香、辛香氣息、土壤調性、礦物感、木質調性等，入口會將甜度、酸度、平衡感、酒精感、酒體、餘韻等都稍微檢視一遍，若有特別突出或不甚討喜的部分，才會特別記下來。

　　如果做這個筆記屬於私人收藏，就不需要寫得很多專業術語，初期我

在探索葡萄酒時，筆記本上都畫滿各種塗鴉。我自己喝葡萄酒時，喜歡將風味圖像化，不只方便記憶一款酒的風格調性，也更好記下每支酒帶給我的「私人體驗」。

別讓已知妨礙了你對未知風味的探索

說真的，喝酒是很個人的事，也是我一直想跟大家分享的，每支酒開瓶都是場獨特的旅行，從產地承裝了滋味到你家餐桌上，就像一封來自遠方的信，我相信每個人找到共鳴的方式不同，用你的心去感受它，而不是透過腦。

停止說服自己有聞到某種味道；停止說服自己要喝什麼樣的酒才是好品味；停止說服自己什麼酒一定要搭什麼料理。

讓腦袋放下所有已知，因為這些事情你已經知道、已經體驗過了，那麼現在，我們可以在已知的日常發揮想像力，用心探索生命中還沒體驗過的美好。

長大後的我們會發現，要感受一個全新體驗，是越來越困難的事，小時候只要能去巷口柑仔店挑一包沒吃過的糖果，那份驚喜感受與快樂就像擁有了全世界。但隨著時間過去，當我們都變成大人，生活經驗越來越多元，去過越來越多地方、嚐過越來越多美食，巷口柑仔店不再是印象中那樣豐富且令人興奮。於是我們列出人生體驗清單，想在每一年都嘗試一件還沒有做過的事，尋求嶄新體驗的門檻越來越高，可能是去一間米其林餐廳、出國滑雪、到離島旅遊，或是去還沒拜訪過的國家。

殊不知，拓展體驗並不一定要去到很遠的地方，只需在家裡打開一瓶還沒有喝過的葡萄酒，感受來自未知產區、未知葡萄品種、未知的釀酒師的作品，閉上眼，你就已經踏上要往遠方的路上了。

放寬心，用你的五感去體驗這個世界。

品酒筆記也可能是一本你的私人日記，風味依喝酒當下的心情、狀態而有所不同，盡可能描繪這瓶酒為你帶來的情境感受，為自己而寫，讓這份記憶成為生命中的一部分。

讀到這裡，若你想跟著 Célia 探索葡萄酒風味，歡迎掃描這個 QR code，一起體驗《初心者的自然品酒課》。

Célia
Wine
Travel

Chapter 6

我有個亞洲胃：
台味十足的葡萄酒餐搭

家，其實是學習葡萄酒最好的地方，讓酒和我們熟悉的台灣食物面對面，融匯成日常飲食生活的一部分。Célia 長年在法國用台灣料理做外交，她最愛以醬油爲基底的菜來搭葡萄酒，超級絕配，連法國人也說讚！一同嘗試滷肉飯、豆腐乳、辛辣菜餚、蚵仔煎、蛋捲搭不同葡萄酒的體驗，希望也成爲你在家搭餐的新靈感。

So much fun!
家，是學習葡萄酒最好的地方

　　我曾在法國羅亞爾河流域居住兩年，畢業後申請到附近郊區的有機酒莊實習，三個多月的日子不長不短，卻是啓蒙我在法國葡萄酒與飲食文化的開端。人生第一次品嚐生蠔、葡萄酒、羊奶起司配橄欖油，如今回想已是日常，但在當時卻是前所未有的難忘回憶。爲感謝法國朋友的慷慨分享，我也積極向他們分享介紹台灣飲食文化，舉凡水餃、湯圓、三杯雞、番茄炒蛋、竹筍炒肉絲、滷肉燥、蝦味仙、奶黃包、月餅等，都是我曾經跟法國酒莊同事分享的美味料理。

　　我喜歡看他們說芝麻湯圓像可怕的爆開眼球，卻仍吃得津津有味，雖然不一定每個人都喜歡我準備的食物，就像我也不喜歡法國的豬血布丁，但是互相了解的過程是珍貴的。

　　法國人對於不熟悉風味的接受度遠比我想像得還高，但也因爲這個經歷，讓我同樣可以用開放的態度與想像力來做餐酒搭配。葡萄酒不只可以配法式料理，也能搭台灣小吃、桌菜、家常菜，這是一個充滿想像力的小宇宙，跟我一起擁抱這個色彩繽紛的世界吧！

　　前陣子在 YouTube 頻道上傳了一些居家餐酒搭的影片，雖然自己本來

就很喜歡在家做各種搭配嘗試，但拍片後更埋首其中、自得其樂。在家嘗試了各種食譜後，也開始慢慢地收到一些讀者回饋，許多人問了關於葡萄酒餐搭的問題，表示想在家做菜，卻沒有勇氣嘗試，他們覺得這是門學問，怕自己搭配得不好。

但我一直相信，不需要很懂酒，才能享受餐酒搭。

喝與感受，爲你開啓品飲之路

到法國唸書以前，我沒有眞正接觸過葡萄酒，家人也沒有品酒習慣，但是在學酒的懵懂初期，我在學生宿舍裡面體驗了很多，自己做菜、自己嘗試不同餐酒搭，並且享受邀請朋友來家裡做客吃飯的樂趣，所以我不覺得要非常懂酒或成爲葡萄酒專家才能做餐酒搭配，最重要的只有兩件事：第一件事是喝，第二件事則是記住它爲你帶來的感覺。

不管是單喝或搭餐，感受並記錄飲食經驗、嘗試各種組合，進而找到

照片提供：Joanna Maclennan

適合自己的口味，是學習葡萄酒最重要的事。如果遇到一支能讓你喚起熱情，興奮地想立刻知道這支酒的故事，甚至因此上網查或翻書找資料，進而拓展視野就太棒了。

能在品飲之中學習，不就是種很棒、很有趣的的歷程嗎？

因為喜歡，所以想進一步了解而投入其中，我想，在這個世界上，對於任何一種領域的探索都是這樣子的，熱情來自不斷地嘗試。所以我才興起了創立臉書社團──「Célia 的產地小餐桌」的想法，希望幫助酒友消弭品酒時的疑惑和不適感，進而鼓勵大家嘗試不同的餐酒搭配。

在這個社團裡，我平均每六到八週會在社團裡舉辦主題性選酒的活動，讓大家品嚐一系列歐洲直送的個性小農酒款，搭配白話文酒資介紹，臉友一起討論和探索，這種千里共嬋娟的分享樂趣，是我定期舉辦這個「小餐桌活動」的主要原因。久而久之，社團裡的臉友們變成朋友，每年會固定聚餐、舉辦「小餐桌一支會」，不知從何時開始，這群人慢慢地也變成現實生活中如家人般的知音。

或許在這之前，你還沒有機會嘗試自然酒，不管喜歡或不喜歡，都為自己的品飲經驗開啓了新的扉頁，不斷嘗試是學習餐酒搭配中最重要的事情，任何餐酒搭公式都不足以代表你的味蕾感受，因為每個人對味道的感受都是主觀的。

但不是說葡萄酒專家或侍酒師沒有其道理，比如精緻餐飲 Fine Dining 菜餚風味組成之複雜，此時會需要專業侍酒師協助。我曾看過一部影片，是第一位華人侍酒大師──呂楊的訪談，他分享了一段相當啓發我的觀

念，他說：「Wine Pairing 不是在配菜，而是在配人。」每個人的口味和偏好不同，即便是同一道料理，不同國家甚至不同背景的人感受都不一樣，所以某些教科書裡被奉為圭臬的搭法，也不一定適合所有人。

因此我建議大家，在家裡做餐酒搭時，若沒有頭緒，不如就先選擇自己喜歡的食物吧！因為至少先對了一半，我自己在家也是遵循這樣的法則，一支酒開瓶後會想嘗試各種保守的、大膽的、創意的菜餚搭配，無論是什麼樣的菜，共通點都是我喜歡吃的，搭配起來有時飛揚、有時令人皺眉，但最差最差，就是分開味道的一杯酒和一道菜而已。

仔細想想，這場餐桌冒險似乎挺好玩的，對嗎？

歡迎掃描 QRcode 加入「Célia 的產地小餐桌」FB 社團！

在家做台菜搭配葡萄酒訣竅：
最愛醬油基底搭酒

醬油，是我煮飯時最喜歡的元素。

不管是西餐或中餐，我都喜歡在燉煮的料理中加一點點醬油提味，沒錯，就連在法國酒莊做菜也是。不管是普羅旺斯燉菜、紅酒燉牛肉、焗烤花椰菜甚至是番茄咖哩，醬油都是我的定番調味料，我想這是埋在基因裡的家鄉醍醐味，畢竟家常菜沒有正不正統，只有合不合胃口。

「醬油裡的醍醐味」正確來說是鮮味，經熬煮後會帶出一份醇厚感，我們住在台灣太幸福，平常吃到的醬油絕大多數都很美味，以致於我記憶中的醬油本該就有回甘香。直到搬至法國後，吃到的醬油大多死鹹無比，甚至分成鹹醬油與甜醬油，文化衝擊讓我發現一罐好醬油得來不易，自此都會從台灣扛醬油到法國。好醬油不只原料品質重要，更需長時間發酵與熟成，跟好的葡萄酒一樣，時間會帶出底蘊與深度。

我在法國最常做的一道家常菜，是台式滷肉燥。在台灣，我們可以直接上傳統市場挑肉，請老闆做牛豬絞肉各半，但在法國，絕大多數超市或肉鋪賣的絞肉都已調味過，所以一定要買整塊肉回來手切，我從小喜歡吃

的肉燥飯是肥瘦各半、厚 Q 多膠質，得是吃起來嘴巴會黏黏的那種。因此總會特別去市場買整條五花肉回家，手切成小條狀，跟紅蔥頭末、蒜頭一起炒，炒香再跟醬油、白胡椒粉一起煮。詳細食譜在網路上有很多，但我的習慣是在肉燥裡加一點點紅酒，帶出一絲果味酸香，也更下酒。

每次把滷肉飯端上桌時，都會引來法國人一陣騷動！有次在法國朋友的酒聚上，大家說好每人帶一支酒、一道菜，我扛了大同電鍋去煮飯與預先滷好的肉燥，沒想到大受歡迎，整鍋被清空到一點不剩，尤其是喝酒後，來碗香噴噴油滋滋的滷肉飯，實在療癒滿點。

豐富旨味的醬油料理和成熟甜潤的紅酒很搭

當天選了支南隆河產區的紅酒來搭配，我發現成熟度高、帶甜潤感的飽滿紅酒，特別適合搭配以醬油為基底的料理，因為這類型料理多半有豐富的「旨味（Umami）」，成熟度高的葡萄果皮裡同樣帶有甘味，來自陽光充足、成熟度佳的南隆河產區紅酒，就有這樣的旨味特質。

加上台灣醬油絕大多數都帶有一絲甜感，我們習慣將醬油跟冰糖一起熬煮，所以飽滿紅酒的果甜風味能與其相襯，入口重量平衡，這裡的重量感是指：「一道菜的厚重感，要跟一款酒的酒體彼此適當平衡」。比如說柑橘沙拉跟東坡肉，為我們帶來的飽足與重量感不同，前者輕、後者重，所以選酒搭配時，前者適合酒體輕盈的酒款、後者適合酒體飽實的酒款。

若想挑選能搭配台灣滷肉等醬香味十足的料理的酒款時，我推薦大家可以考慮帶有甜潤感的紅葡萄酒類型，這邊的甜感並不直接代表酒裡有殘糖，而是有豐富成熟果香味的意思，比如說南隆河的格納西葡

萄（Grenache）、薄酒萊的加美葡萄（Gamay）、波爾多的梅洛葡萄
（Merlot），都具有這般甜潤感顯著，但單寧澀口感低的絕妙搭餐特質。

今晚就滷鍋肉搭紅酒吧，暖你的胃，也暖你的心。

> *Célia* 私房酒單！
> 推薦葡萄酒產區搭配：
> 南隆河產區紅酒、薄酒萊產區紅酒
>
> 推薦酒款搭配：
> · 克呂園酒莊－野莓花園紅酒 *Clos de Caveau, Vacqueryas Rouge Fruit Sauvage 2020*
> · 產區－法國南隆河 Vacqueyras
> · 品種－ 60%Grenache, 40%Syrah，平均三十至七十歲老藤

黑櫻桃、桑甚、覆盆莓、草莓等滿滿果香，點綴些許普羅旺斯香草氣
息，恍如走進莓果森林一般。各種莓果香氣的曼妙多姿，讓這款野莓花園
紅酒不只受國際酒評家愛戴，也曾獲選爲亞維儂藝術節指定用酒。

克呂園酒莊（Clos de Caveau）位於南隆河瓦給拉斯特級產區 Vacqueyras，
1989 年便已取得歐盟有機認證，是當地先驅。酒莊莊主亨利 Henri
Bungener，是位奉行風土的酒農，鑽研多年酒莊各塊葡萄園土質，他的紅
酒款均採同比例葡萄品種混釀（60%Grenache、40%Syrah），風味差異在
於葡萄園地塊的不同，風土展現在亨利的葡萄酒中不言可喩。

克呂園酒莊的葡萄採收時間亦相當精準，且完全堅持手工採收，高品質揀選的成果是，果香乾淨集中兼具細膩活潑的清爽酸度，讓克呂園酒莊的酒款多了份優雅與搭餐的包容性。

法國人第一次吃豆腐乳搭葡萄酒：
發酵食品怎麼搭？

發酵與醃製，這兩者哪裡不一樣？

　　我在寫這個章節時，思緒把我扔回那個幫亨利莊主醃泡菜的午後，他抱怨我做的泡菜不是發酵食品，我才回神發現，原來將白菜脫水後加入白醋與糖的做法是「醃製」，而不是「發酵」。近幾年在歐洲，發酵食品特別流行，因人們認為天然發酵過程的微生物有利腸道健康，因此亨利特別著迷於各種發酵型泡菜的製作，為此他還跑去儲藏室找了瓶他自己用檸檬、櫛瓜、白蘿蔔泡在鹽水的玻璃罐，告訴我這才是「泡菜」。

　　有趣的是，雖然醃製泡菜與發酵泡菜都帶酸，但若仔細品嚐，你會發現酸味呈現相當不同。

柔中帶韻的發酵酸和橘酒很搭

　　醋的酸感較為銳利，發酵的酸感則是柔中帶韻。通常酸度高的菜餚不太好搭配葡萄酒，絕大多數的餐酒搭配都會說：「搭配酸感強的菜餚，葡萄酒必定要有同等的酸」。但我心裡總覺得這酸上加酸，是不是要讓人酸到眼睛都睜不開了？尤其醃製物的醋酸，幾乎是餐酒搭魔王，我自己的經

驗是選支帶甜感的白酒，讓甜蜜笑容平衡尖銳蠻橫，比如經典客家菜的薑絲炒大腸，酸香咕溜，就很適合搭配帶有甜感的微甜加美（Gamay）粉紅氣泡酒。

　　相對而言，我發現「發酵型料理」反而適合搭配橘酒，或許是因爲同樣帶有一種古樸感，發酵所帶出來的風味厚度，搭配具有足夠酒體的橘酒時，大多會由「酸轉甜」回甘，衍伸出一種「好涮嘴」的危險特質。橘酒是種很特殊的葡萄酒類型，採用白葡萄但以釀造紅酒的方式製作，所以酒色比一般白葡萄酒深，風味更具存在感，大多帶橙皮、蜜漬柑橘調性，有些泡皮時間較長的橘酒，甚至帶有明顯的單寧澀感。

　　舉凡豆腐乳、味噌、鹹魚、菜干等都能用橘酒搭配，記得有一次我特地帶了台灣豆腐乳給法國朋友試，他直呼這吃起來眞像法國藍紋乳酪！一小口豆腐乳、一小口橘酒，實在停不下來，法國朋友還特地跑去隔壁麵包店，買了一根法國長棍來配著吃。我們倆一下就把整瓶酒給喝乾，從沒想過原來豆腐乳還能當抹醬下酒，說不定經過推廣，台灣豆腐乳也能在法國發光發熱呢！

　　當然，橘酒的風味範疇很大，從清新柑橘調到紹興陳香系都有，剛開始入門學習搭配日常食物的人，我建議挑選香氣細緻、酸度活潑的橘酒類型。橘酒開瓶後的保存時間往往比一般白酒長，所以下班後一盤小菜、一杯橘酒，卽便是一個人喝酒，也療癒極了。

> *Célia* 私房酒單！
> 推薦葡萄酒產區搭配：
> 阿爾薩斯產區橘酒、南法產區橘酒

推薦酒款搭配：

- 柯比酒莊－穿越者橘酒 *Domaine de Courbissac, L'Orange 2022*
- 產區－法國朗多克 Minervois
- 品種－ 70% Marsanne, 15% Muscat, 15% Grenache Gris 平均三十
  至九十歲藤齡

富有層次的柑橘香、杏桃果乾、蜜漬橙皮氣息，入口酸度清新且圓潤油滑，尾韻帶些許礦物鹹感與普羅旺斯香草芬芳。有別於傳統橘酒的氧化調性，這款橘酒香氣豐富和諧，入口單寧質地柔和，有著經典法國酒的優雅，細膩、內斂、耐飲。

柯比酒莊（Domaine de Courbissac）位於南法朗多克產區 Minervois，葡萄園座落的海拔較高、土質構成豐富，2002 年採生物動力法耕種，2021年獲歐盟有機標章。女莊主暨釀酒師 Brunnhilde Claux 主張低干預釀酒理念，手工採收、不去梗、輕柔榨汁、採用舊橡木桶並導入陶甕等自然派釀造理念，在炎熱的南法朗多克產區，柯比酒莊的酒款均有著極為精巧的細緻度。Brunnhilde 守護當地原生葡萄品種，酒莊仍保有許多七十歲以上老藤，其酒款有著絕佳細緻度與搭餐潛力，是不可多得的朗多克產區新星。

法國人第一次吃蚵仔煎搭葡萄酒：
勾芡菜餚怎麼搭？

　　我曾在 YouTube 頻道分享一系列做台菜搭酒與法國人分享的影片，一方面是我自己愛吃，一方面也喜歡跟法國朋友分享故鄉回憶，沒想到這系列影片大受歡迎，當時的頻道訂閱數增長很快，因此認識了很多好朋友。

　　懷念當時住在南法小公寓，每天做菜拍影片搭酒的日子，當時大家都會在網路上給我建議，關於做什麼料理才足以代表台灣，就連我的爸媽也非常熱衷於給我食譜，其中一道最多人敲碗想要我試做的，就是蚵仔煎了！

　　我是在研究蚵仔煎時，才發現台灣有很多勾芡料理，舉凡羹湯、燴飯、酸辣湯、台中名產麻薏、大麵羹等，幾乎都有勾芡版本。研究之下，才發現勾芡的生活大智慧，不僅能將食材風味融合一起，也可達到保溫效果，那麼吃起來口感濃稠的勾芡料理怎麼搭酒呢？

　　我非常喜歡吃蚵仔煎，小時候去夜市時都一定要來一盤，不只喜歡蚵仔跟煎蛋香，更要那外脆內 Q 的口感，有時吃一份都還不過癮。為了在法國復刻台式蚵仔煎，我還特別請家人從台灣寄蚵仔煎粉跟醬料，聽說疫情期間蚵仔煎粉在超市很紅，因為大家都在家裡做蚵仔煎。

　　法國買不到蚵仔，最接近蚵仔的食材是生蠔，所以我去市場買了法國生蠔回來開，做成奢華版的「台式生蠔煎」。法國室友看到我把生蠔丟進

鍋裡煎時，她整個驚嘆，再加上法國買不到好吃的小白菜，所以我用生菜葉取代，法國室友看到後又再錯愕一次，她說這輩子從沒看過有人把生蠔跟生菜加熱後打入蛋液一起吃的。

　　最後端上桌的蚵仔煎，配上正統台式蚵仔煎醬料，這已經是我在異鄉能夠復刻的最完美版本，吃一口都要流淚了，整盤掃空。但是法國室友表示，勾芡的口感很像鼻涕，她比較喜歡煎蛋配上甜鹹醬料的部分。

　　為了能搭配勾芡後的的蚵仔煎，我選了瓶清脆帶甜潤感、礦物感的白葡萄酒來搭配，入口表現較為直截銳利，活潑的酸度相當解膩，能中和勾

芡料理的圓潤濃稠口感，同時帶出生蠔本身的鮮甜氣息。至於為什麼特別強調是「帶甜潤感」的白酒，是為了呼應蚵仔煎醬料中的甜鹹風味，這組搭配就像是到了台灣夜市，點一盤蚵仔煎、配一口蜂蜜檸檬那樣令人大呼過癮！

甜潤感的白酒能引出勾芡料理的甜鮮

勾芡料理除了搭配帶甜潤感的干白酒之外，我也推薦甜白酒，尤其是經過一定時間陳年、風味厚度密度都高的甜白酒。羹湯菜餚的調性除了口感濃稠外，鮮甜與回甘也是特色，尤其好喝的羹湯大多會用柴魚和大骨長時間熬煮，有點像提煉濃度極高的鮮味糖漿。而甜白酒具有把風味引出來的加強特質，這也是為什麼在法國經常用甜酒搭配鵝肝醬，只要一點點，就能把肝醬中的鮮味給放大好幾倍，所謂「在口中鮮味的爆炸感」，就是這番道理。

愛喝甜酒不是罪，甜酒也不僅能搭甜點，在家試試勾芡料理吧，會發現一個美麗新世界。

Célia 私房酒單！
推薦葡萄酒產區搭配：
阿爾薩斯產區白酒、羅亞爾河產區白酒

推薦酒款搭配：
· 雙月酒莊－艾蜜莉微甜白酒 *Vignoble des 2 Lunes, Gewurztraminer Emilie 2021*
· 產區－法國阿爾薩斯 Alsace
· 品種－ Gewurztraminer

有如艾蜜莉異想世界的可愛微甜白酒，聞來有細緻不俗的荔枝、玫瑰花與輕甜蜜香，入口帶圓潤的水蜜桃氣息，甘潤滑順且甜美，酸度細緻且帶有礦物感，略醒過後，前述滋味越加豐富奔放。

　　雙月酒莊（Vignoble des 2 Lunes）位於法國亞爾薩斯 Alsace，是一間少干預、自然派、有個性的生物動力法自然派酒莊。目前酒莊由一對姐妹 Amélie & Cécile 經營，家族七代都是酒農，因為發現傳統農耕似乎與家中長輩的阿茲海默症有關，酒莊從 2003 年開始導入實施生物動力法，採馬兒耕作以維持地力，酒莊於 2009 年拿到歐盟有機＆生物動力法認證，是阿爾薩斯當地先驅。釀造過程近無人工干預，僅在裝瓶前極少量添加二氧化硫，但以添加量而論，仍屬自然酒。之所以取名雙月酒莊，不只是代表兩姐妹，也是酒莊釀造的核心象徵：遵循月亮耕作的生物動力法，雙月酒莊的葡萄酒，就如同這對姐妹，是種內斂而深藏的氣質。

法國人第一次吃辣豆瓣搭葡萄酒：辛辣菜餚怎麼搭？

　　我住法國時，冰箱裡常備醬料有三個：醬油、香油、豆瓣醬。

　　只要少一個，就覺得渾身不對勁，做什麼菜都毫不對味，因此我在法國最常做的家常菜之二，就是牛肉麵和麻婆豆腐。搬到酒莊後，因友人吃素，我經常做蔬食版的麻婆豆腐。麻婆豆腐是川菜，但在台灣跟日本也很受歡迎，隨著時間發展出在地特色風味，就像番茄炒蛋，家家有自己喜歡的版本。只要天氣轉涼，我就會想來碗熱騰騰的麻婆豆腐拌飯，尤其是用嫩豆腐做的麻婆豆腐，嫩豆腐和著湯汁呼嚕嚕大口扒飯，熱得滿頭汗的暢快淋漓感讓人十分過癮，跟大家分享十分鐘上菜—— Celia 的好下飯無肉麻婆豆腐。

　　第一步是熱油鍋，先煸花椒油，用小火將花椒慢慢煸出香氣，煸好後再濾掉花椒粒，自己在家煸的花椒油是麻婆豆腐的靈魂。每次回台灣時，總喜歡去中藥行搜羅各種中藥，當中一定包含大紅袍花椒和青花椒，品質好的花椒一聞就知道，尤其是青花椒，帶有一股細膩綠柚香，每次光是煸油，還沒開始煮，香氣就已經非常誘人了。

　　在熱好的花椒油中，把薑末、蘑菇丁下鍋炒香，香氣出來後再下蒜末，

因為太早下蒜末的話，容易炒出苦味。下蒜末後就要轉小火，接著將豆瓣醬、醬油、蠔油、少許砂糖入鍋一起拌炒，炒勻後加水，此時廚房會非常香，方圓十公里的鄰居都會聞香而來。待湯汁滾後，放入嫩豆腐拌炒，轉小火，稍微收一下湯汁再盛盤，端上桌前淋少許香油、撒點蔥花點綴，熱騰騰下飯的麻婆豆腐就完成了。

這道菜受到男女老少歡迎，很少有人不喜歡，唯一要注意就是法國人不太吃辣，所以做這道菜之前，要先問大家的耐辣度。

法國人是出了名的貓舌頭，不能吃太辣、不能吃太燙，只要菜餚端上桌還在冒著煙，他們就會說太燙要放涼，但我們在台灣就是要吃燒燙燙才過癮，國情不同；每次問他們為什麼不吃辣不吃燙，他們說這樣嚐不出味道。我剛到法國時無法理解的其中一道菜就是冷湯，冷湯不僅冷，有時甚至是冰的，法國人說這喝來消暑，但實在很不好意思跟他們說，我們在台灣吃火鍋是一年四季全年無休的呢。

能享受不同辣味的葡萄酒餐搭

辛香十足、重口味又辣的菜餚，其實不好搭配葡萄酒，因為辛香料容易蓋過葡萄酒的香氣，辣又是種痛覺，會讓人的舌頭感知變得遲鈍。加上每個人吃辣時想獲得的體驗不一樣，有的人希望辣上加辣，有的人嗜辣但不耐辣，所以選擇葡萄酒時會相對複雜些。如果你吃麻辣鍋喜歡邊喝清爽解膩的酸梅湯，我會推薦帶有甜感的氣泡酒；如果你吃麻辣鍋喜歡配高粱，享受辣上加辣的刺激感，那麼我會推薦你選紅酒。

但是麻婆豆腐這道菜，我自己最喜歡的搭配是粉紅酒或淡紅酒，由於浸皮發酵的時間較短，故酒色淡雅、口感清爽而不過於厚重，如果本身又有足夠酸度，那麼皆大歡喜，多汁芬芳又解膩，可以一杯接著一杯。尤其是過年場合餐桌上有非常多道菜時，粉紅酒或淡紅酒能支援各種場合，從辣到不辣的菜餚、清爽到重口的組合，毫無疑問地百搭。

Célia 私房酒單！
推薦葡萄酒產區搭配：
微甜氣泡酒、薄酒萊紅酒、淡紅酒

推薦酒款搭配：
- 黑雀酒莊－白曦園紅酒 *Julien Merle, Champ Blanc 2020*
- 產區－法國薄酒萊 Beaujolais
- 品種－ Gamay

黑雀酒莊在薄酒萊南部，莊主 Julien Merle 推廣葡萄酒釀造的極簡哲學，他對葡萄酒的堅持從種植開始，不導入機器耕作設備，為維持天然地力，故以馬兒耕種。莊主在當地傳達以動物代替機械耕種的優點，鼓勵當地人採用友善耕種與天然釀造方式，他樂觀地說自己是個「Happy for Nothing」的酒農。

這款白曦園紅酒，使用手工採收的加美葡萄，採半二氧化碳浸漬法八至十天，採用布根地釀造傳統，在橡木桶中陳釀兩年後才裝瓶釋出，釀造過程完全零添加，是款風味純粹兼具清爽酸度與層次感的可口紅酒。

法國人第一次吃蛋捲搭葡萄酒：
甜點零食怎麼搭？

　　法國人非常喜歡吃甜點，法式甜點也聞名世界，那台灣有沒有經典甜點呢？我每次都想破腦袋，不是沒有，而是我做不出來（攤手）。

　　湯圓、花生酥、碰糖、豆花、龍鬚糖、牛力、炸年糕、珍珠奶茶、芋圓嫩仙草、太陽餅、蛋黃酥…，每一種我都好想吃，但是每次一查食譜就默默關掉電腦視窗，想著忍耐一點，回台灣再說。曾經也想在家煮豆漿、豆花，但跑遍所有南法超市都找不到黃豆，只好作罷。

　　所以每次從台灣回法國，行李箱除了塞滿醬料外，還有各種療癒的甜點零食，當中我很喜歡的台灣甜點之一就是蛋捲。蛋捲是從小到大的回憶，乃自年節送禮至日常午茶，酥酥脆脆的蛋捲有包餡、沒包餡的類型，都令人想一根接一根吃，每次拆封後想說只吃一根以分攤卡路里，無奈意志力薄弱，經常不小心整包吃完。

　　因熱愛台灣甜點零食，每每回法國我都會買些禮盒當作禮物送給酒農朋友，其中必買之一就是新竹福源花生醬的蛋捲，雖然有時候捨不得送人，但為了友誼與國民外交，還是會將蛋捲送出去，然後順口問一句：「要不要拆來一起吃啊？」（笑）

很搭配蛋香的諾曼底洋梨氣泡酒

有一次我到諾曼底拜訪酒農，因諾曼底聖米歇爾山的歐姆蛋包很有名，就想把台灣蛋捲介紹給法國人吃看看，果然不出所料，大獲好評！酒農直說以為會很甜，沒想到非常酥香，唯一困擾就是有點乾，我說蛋捲在台灣會配茶，既然人在諾曼底，不如入境隨俗，搭配西洋梨氣泡酒吧！

諾曼底是少數保留有許多原生蘋果、西洋梨釀酒品種的產區，釀酒品種果粒較小、風味濃郁且果皮厚，故釀出來的酒大多富有單寧架構，很適合搭餐，尤其諾曼底當地飲食習慣以奶油、起司為主，搭配這樣有口感的氣泡果酒真是天作之合。

於是我們立刻開了瓶諾曼底 Domfront 產區的洋梨氣泡酒來搭配，西洋梨酒果香與花生蛋捲交融，細緻如水梨皮的單寧口感相當解膩，微氣泡更是涮嘴，這是款不甜的西洋梨酒，適當酸度更平衡了蛋捲的甜，整盒蛋捲跟西洋梨酒立刻清空完食。

我以前一直覺得選甜酒才能搭甜點，但或許是年紀漸長，對甜食的喜愛逐漸降低，雖然有時會想來些甜點，但總希望可以做個解膩的酸爽搭配。於是，不甜的自然派果酒逐漸成為心頭好，家裡幾乎隨時備上幾瓶，不管是任何菜餚甚至甜點，搭餐廣域高的果酒總能輕鬆陪伴每一天。

後來我離開諾曼底回到南法，有天在酒農的 IG 上看到這則台灣蛋捲的發文，我按了個讚，他立刻開心回覆問我：「什麼時候要再回諾曼底啊？」

用台灣美食交朋友，真是無往不利。

木梨（Quince）與蘋果混釀的義大利花見酒
莊氣泡果酒，特別適合搭配帶有奶香味的料
理或甜點，如圖中的布丁。

Célia 私房酒單！
推薦葡萄酒產區搭配：
蘋果酒、西洋梨酒

推薦酒款搭配：
- 洋梨樹酒莊—洋梨氣泡酒 *Jérôme Forget - Poiré Domfront AOP 2022*
- 產區—法國諾曼底 Domfront
- 品種— Plant de Blanc, Pomera, Gaubert

這款洋梨酒充滿活力、氣泡豐沛細緻，入口柔和的果香帶有清新玫瑰與白桃氣息，尾韻些許細緻洋梨果肉的質地，清爽易飲，而且酸甜平衡極好，單喝或搭餐都合適。

洋梨樹酒莊（Jérôme Forget）的 Jérôme 以「洋梨魔術師」著稱，是專精於釀造西洋梨酒的職人。自 1995 年全心投入西洋梨酒的釀造，是諾曼底洋梨酒原產地命名 Domfront AOP 的影響力人物，於 2002 年成功完成法國產區認證，推廣當地特有的古老西洋梨品種 Plant de Blanc，以永續與生態平衡的觀點照料果園，家族傳承許多年歲超過三百年的西洋梨老樹，秉持天然無添加的理念釀造洋梨酒。洋梨酒的滋味是最接近白葡萄酒的果酒滋味，故許多香檳區酒農都來向他取經學習，當地人都將 Jérôme 的作品稱為「諾曼底的香檳酒」。

葡萄酒的餐搭就在生活裡

我認為在日常中練習餐酒搭配，最大的收穫不只是享受氛圍，而是把專注力投入到「吃飯」這件事上。

我們都低估了好好吃飯的價值，雖然這是人人都會說的口號，實際執行起來卻相對不容易，忙碌生活中經常不小心擠壓了用餐的時間，為求快速方便而忽略了食物的品質，但吃這件事卻是「好好生活」的基石，法國哲學家薩瓦蘭（Anthelme Brillat-Savarin）曾說：*Dis-moi ce que tu manges, je te dirai ce que tu es.*（告訴我你吃什麼，我會告訴你你是誰。Tell me what you eat and I will tell you what you are.）

我們每個人每天都有三次可以練習好好生活的機會，不如讓日常葡萄酒搭餐作為一個引子，刻意練習感受風味的過程，將你的心靜下來，好好去體驗，會幫助你慢慢喚起能接收食物本質的能力。

自從投入葡萄酒的學習後，我對吃進嘴裡的味道因為專注而變得敏銳，我會練習去嗅聞端上來的每一道菜，也會刻意讓吃飯的時間放慢，好好享受咀嚼放入嘴裡的每一口食物，在餐桌上與家人朋友分享葡萄酒與美食的搭配，又何嘗不是讓身心都更加愉悅的方式呢？當你開始能夠理解葡萄酒所代表的不僅僅是酒精飲料，更是一種文化與價值觀的選擇，那麼對許多事物的看法與世界觀將會隨之改變。

藉由理解葡萄酒的本質，建立培養辨識天然風味的能力，才能真正地讓品酒這件事成為生活的一部分：吃得好，不一定要吃大餐；喝得好，不一定要喝名貴酒。這是學習品酒與搭餐之於我而言，最大的收穫。

想進入葡萄酒的世界～只需讓心引領你

　　與其說這本書是葡萄酒工具書，我更希望是與大家分享生命探索歷程的書，這十年來，我因學習葡萄酒而體驗了不一樣的世界。

　　因緣際會到法國唸書後才真正接觸到葡萄酒，單純喜歡酒莊裡的人事物、被大自然包圍的感覺，冥冥之中的緣分，讓我走在這條以酒為主題的道路上。我在裡頭探索、學習、跌倒、挖掘尋找人生的真諦，然後慢慢發現，透過學習品嚐葡萄酒，能夠培養看見事物本質的能力，並且擅長用淺白輕鬆的文字，用真誠的心意去分享和介紹它。

　　這個心願能夠順利化為有形，是因為很多人幫助過我，我深刻體悟到其實所有的沒有，就是擁有了所有。與酒農們一起生活、釀酒、分享春夏秋冬，土地與大自然為我們帶來源源不絕的能量，我希望能把這份祝福裝在酒瓶裡，傳遞給在遠方的你。

　　因為學習葡萄酒，我看世界的方式有了很大改變。它幫助我關注細節，繼而在欣賞音樂、藝術、文字時，逐漸發展出自己的觀點，發現這個世界原來是由許多不完美的美所構成，每個好與不好都是主觀的一體兩面，我想這是多年來我不斷在尋找的——關於幸福的意義，每支葡萄酒都有自己的 time zone，人也是。

　　活在當下，讓心引領你，你會發現葡萄酒很簡單，快樂如是。

Célia 沈芸可 於台中 2024.02.22

生活裡的葡萄酒課

跟著遊牧尋酒師，開啓無框架品飲餐搭之樂

作者	Célia 沈芸可（部分照片提供）
特約攝影	Hand in Hand Photodesign 璞眞奕睿影像
封面與內頁設計	Rika Su
責任編輯	蕭歆儀

總編輯	林麗文
主編	蕭歆儀、賴秉薇、高佩琳、林宥彤
行銷總監	祝子慧
行銷企劃	林彥伶

出版	幸福文化／遠足文化事業股份有限公司
地址	231 新北市新店區民權路 108-1 號 8 樓
電話	(02)2218-1417
傳眞	(02)2218-8057

發行	遠足文化事業股份有限公司（讀書共和國出版集團）
地址	231 新北市新店區民權路 108-2 號 9 樓
電話	(02)2218-1417
傳眞	(02)2218-1142
客服信箱	service@bookrep.com.tw
客服電話	0800-221-029
郵撥帳號	19504465
網址	www.bookrep.com.tw

法律顧問	華洋法律事務所 蘇文生律師
印製	凱林彩印股份有限公司

定價	650 元
書號	1KSA0024
ISBN	9786267427521
ISBN	9786267427651（PDF）
ISBN	9786267427668（EPUB）

國家圖書館出版品預行編目 (CIP) 資料

生活裡的葡萄酒課：跟著遊牧尋酒師，開
啟無框架品飲餐搭之樂／ Célia 沈芸可著 .
-- 初版 . -- 新北市：幸福文化出版社出版：
遠足文化事業股份有限公司發行 , 2024.06
面；　公分
ISBN 978-626-7427-52-1(平裝)

463.814　　　　　　　　　 113004739

1.CST: 葡萄酒 2.CST: 品酒